带你遨游浩瀚的外太空

主编◎王子安

汕頭大學出版社

图书在版编目（C I P）数据

带你遨游浩瀚的外太空 / 王子安主编. -- 汕头 : 汕头大学出版社, 2012.5(2024.1)
ISBN 978-7-5658-0791-6

Ⅰ. ①带… Ⅱ. ①王… Ⅲ. ①宇宙－普及读物 Ⅳ. ①P159-49

中国版本图书馆CIP数据核字(2012)第096806号

带你遨游浩瀚的外太空　　DAINI AOYOU HAOHAN DE WAITAIKONG

主　　编：王子安
责任编辑：胡开祥
责任技编：黄东生
封面设计：君阅书装
出版发行：汕头大学出版社
　　　　　广东省汕头市汕头大学内　邮编：515063
电　　话：0754-82904613
印　　刷：唐山楠萍印务有限公司
开　　本：710 mm×1000 mm　1/16
印　　张：12
字　　数：72千字
版　　次：2012年5月第1版
印　　次：2024年1月第2次印刷
定　　价：55.00元
ISBN 978-7-5658-0791-6

前　言

这是一部揭示奥秘、展现多彩世界的知识书籍，是一部面向广大青少年的科普读物。这里有几十亿年的生物奇观，有浩淼无垠的太空探索，有引人遐想的史前文明，有绚烂至极的鲜花王国，有动人心魄的考古发现，有令人难解的海底宝藏，有金戈铁马的兵家猎秘，有绚丽多彩的文化奇观，有源远流长的中医百科，有侏罗纪时代的霸者演变，有神秘莫测的天外来客，有千姿百态的动植物猎手，有关乎人生的健康秘籍等，涉足多个领域，勾勒出了趣味横生的“趣味百科”。当人类漫步在既充满生机活力又诡谲神秘的地球时，面对浩瀚的奇观，无穷的变化，惨烈的动荡，或惊诧，或敬畏，或高歌，或搏击，或求索……无数的探寻、奋斗、征战，带来了无数的胜利和失败。生与死，血与火，悲与欢的洗礼，启迪着人类的成长，壮美着人生的绚丽，更使人类艰难执着地走上了无穷无尽的生存、发展、探索之路。仰头苍天的无垠宇宙之谜，俯首脚下的神奇地球之谜，伴随周围的密集生物之谜，令年轻的人类迷茫、感叹、崇拜、思索，力图走出无为，揭示本原，找出那奥秘的钥匙，打开那万象之谜。

天空是深邃的，宇宙是广漠的。你想亲眼目睹无垠苍穹中那千姿百态的天体吗？你想亲自探索浩瀚宇宙中那无穷无尽的奥秘吗？你想了解我们头顶的天空吗？你想知道为什么太阳东升西落、月亮有圆有缺、彗星有尾巴、天上还下“流星雨”吗？你想知道怎样识别那璀璨斑斓的四季星空吗？你想知道我们居住的宇宙是如何形成的，它的过去、将来又如何吗？那就让我带领你遨游那广袤的外天空吧！

《带你遨游浩瀚的外太空》一书共分为五章，第一章是初探宇宙的奥秘，其中有人类对宇宙的认识；第二章介绍的是太阳与太阳系家族；第三章叙述的恒星与银河系等方面的知识，第四章教你认识星座和四季的美丽星空；第五章介绍的是中外著名的天文学家等。阅读该书，你会发现——原来有趣的自然原理现象就在我们的身边；你会发现——学习科学、汲取知识原来也可以这样轻松。

此外，本书为了迎合广大青少年读者的阅读兴趣，还配有相应的图文解说与介绍，再加上简约、独具一格的版式设计，以及多元素色彩的内容编排，使本书的内容更加生动化、更有吸引力，使本来生趣盎然的知识内容变得更加新鲜亮丽，从而提高了读者在阅读时的感官效果。

由于时间仓促，水平有限，错误和疏漏之处在所难免，敬请读者提出宝贵意见。

2012年5月

目　录

contents

第一章　初探宇宙奥秘

第二章　太阳与太阳系家族

第三章　恒星与银河系探秘

第四章　美丽星空

第五章　中外天文学家

第一章 初探宇宙奥秘

天空是深邃的，宇宙是广漠的。你想亲眼目睹无垠苍穹中那千姿百态的天体吗？你想亲自探索浩瀚宇宙中那无穷无尽的奥秘吗？你想了解我们头顶的天空吗？你想知道为什么太阳东升西落、月亮有圆有缺、彗星有尾巴、天上还下“流星雨”吗？你想知道怎样识别那璀璨斑斓的四季星空吗？你想知道我们居住的宇宙是如何形成的，它的过去、将来又如何吗？

宇宙，是我们所在的空间，“宇”字的本义就是指“上下四方”。地球是我们的家园；而地球仅是太阳系的第三颗行星；太阳系也仅仅定居于银河系巨大旋臂的一侧；而银河系，在宇宙所有星系中，也许很不起眼……这一切，组成了我们的宇宙。宇宙，是所有天体共同的家园。宇宙，又是我们所在的时间，“宙”的本意就是指“古往今来”。因为我们的宇宙不是从来就有的，它也有着诞生和成长的过程。现代科学发现，我们的宇宙大概形成于二百亿年以前。在一次无比壮观的大爆炸中，我们的宇宙诞生了！宇宙一经形成，就在不停地运动着。科学家发现，宇宙正在膨胀着，星体之间的距离越来越大。

宇宙的明天会怎样？许多的科学家正为此辛勤工作着。这也许永远是一个谜，一个令人无限神往的谜。本章主要粗略介绍一下宇宙。

探索宇宙的起源

你了解宇宙的起源吗？关于宇宙的起源，现在普遍认同的是“大爆炸”模型。尽管还不能肯定这个模型百分之百正确，但到目前为止，这个模型依然是最为科学合理的。在没有足够的证据推翻它之前，仍然用这个模型来阐述宇宙的起源。

从大爆炸3分钟以后经过约70万年，宇宙的温度降到3000K，电子与原子核结合成稳定的原子，光子不再被自由电子散射，宇宙由混沌变得清澈。然后又过了一段时间，当然这段时间长达几十亿年，中性原子在引力作用下逐渐

凝聚为原星系，原星系聚在一起形成等级式结构的星系集团。与此同时，原星系本身又分裂形成无数的恒星。因为强大的引力，恒星炽烈地燃烧自己的核燃料；并合成碳、氧、硅、铁等重元素。在恒星生命即将结束时，通过爆发形式喷射出包含重元素的气体和尘埃。这些气体和尘埃又构成新一代恒星的原料；在某些恒星周围急剧降温的气体和尘埃会坍缩成一个旋转的物质团。这些物质团通过相互吸引碰撞和融合，最后形成无数个小行星、大行星。

大约50亿年前，太阳系还是一团缓慢旋转的气体云。由于自身的引力效应或附近超新星爆发的能量冲击效应，这块气体云开始坍缩，至密的核心变为原始太阳，周围旋转的气体和尘埃，形成一个薄盘。随着时间的推移，这块薄盘逐渐分裂为大量的物质团。这些物质团的大部分慢慢的坍缩凝固成今天的小行星和彗核，另一部分通过碰撞合并形成现在的大行星及其卫星，比如地球和月亮。

在靠近太阳的一些行星上，只有难熔的岩状物能留存下来，气体和冰水类物质都挥发掉了；所以类地行星质量较小，密度较高。相反，在离太阳系较远的一些行星上，由于温度很低，冰类物质不能融化，在那里可以形成质量较大，密度较低的类木行星。因为引力大小的缘故，较大的类木行星比较小的类地行星能吸引到更多的原始物质团，因而卫星较多。

太阳系是由受太阳引力约束的天体组成的系统，它的最大范围约可延伸到1光年以外。太阳系的主要成员有：太阳（恒星）、八大行星（包括地球）、无数小行星、众多卫星（包括月亮），还有彗星、流星体以及大量尘埃物质和稀薄的气态物质。在太阳系中，太阳的质量占太阳系总质量的99.8%，其它天体的总和不到太阳的0.2%。太阳是中心天体，它的引力控制着整个太阳系，使其它天体绕太阳公转，太阳系中的八大行星（水星、金星、地球、火星、木星、土星、天王星、海王星）都在接近同一平面的近圆轨道上，朝同一方向绕太阳公转。

◆ “宇宙”的历史演化

世界各民族都有自己的神话传说，内容不一，但几乎都有“开天辟地”或“创世”的故事。说来并不奇怪，只有在开天辟地之后，才能演出一幕幕“女娲补天”“嫦娥奔月”“夸父逐日”的戏剧来。“天地”“世界”都是通俗的说法，其实指的就是“宇宙”。《淮南子·齐俗训》说：“往古来今谓之宙，四方上下谓之

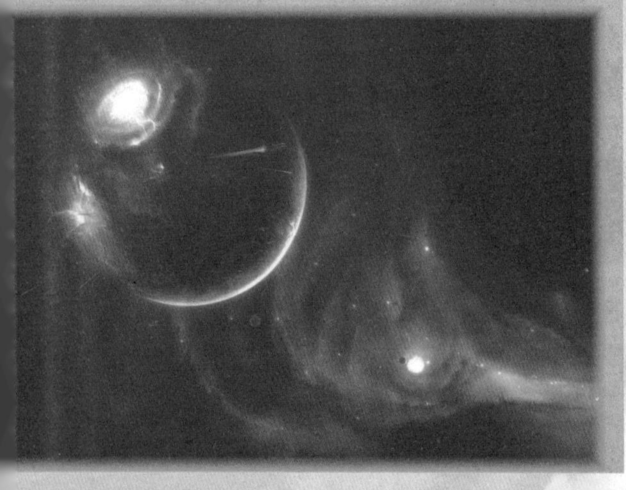

宇”。就是说“宇”表示空间，“宙”表示时间，而“宇宙”既表示空间和时间，又是自然界万物的总称。任何客观存在的具体物质都有自己的结构，都处在运动和变化中，同样，“宇宙”这个客观存在也应该有结构，也要不断地演化。结构就是形态和组成，通俗地讲就是指生长老死。研究宇宙结构和演化的科学叫宇宙学。有些人，一听到谈宇宙的结构和演化就惊恐莫名，更有人指责宇宙学是现代神学，为没落的资产阶级的“创世说”制造科学根据。其实，对宇宙结构的研究早在资产阶级诞生之前就已经开始了。

◆ 中国古代的宇宙观

在中国，周代曾有关于宇宙结构的“盖天说”。它认为“天圆如张盖，地方如棋局”，方形大地每边长81万里，半球形天穹高8万里；大地静止不动，日月星辰在天穹上随天旋转。“盖天说”在今天看来虽然十分幼稚可笑，但它无疑是古代人们从直观出发，再加以想象而提出来的。天圆地方的“盖天说”有难以掩饰的矛盾，于是在战国时代，又出现了关于宇宙结构的“浑天说”。它认为，浑天如鸡子，天体圆如弹丸，地如鸡子黄，孤居于内，天大而地小。天表里有水，天之包地，犹壳之裹黄。天地各乘气而立，载水而浮，日月星辰，附在天球上，随天旋转。“浑天说”认为大地是球形的，天也是球形的，这显然要比“盖天说”进步。但“浑天说”也并不符合实际情况。它实际上是中国历史上的“地球中心说”。

此后，在东汉时还有一种解释宇宙本质的“宣夜说”。它认为“天了无质，仰而瞻之，高远无极”“日月众星，自然浮生虚空之中”。从哲学上讲，它主张无限宇宙论，比“盖天说”和“浑天说”都进了一步，但从观测天文学上讲，它并没有阐述日月众星的运行

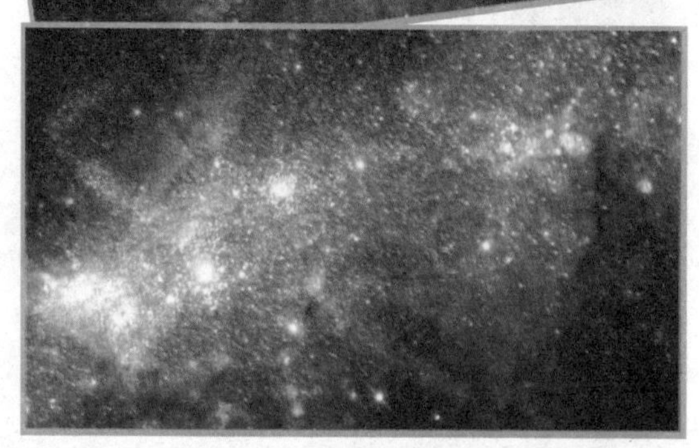

规律，因此仅有理论影响，还缺少实际意义。

◆ 国外古代宇宙观的发展

在外国，对宇宙结构也有各种各样的说法和理论。古代巴比伦人认为，大地犹如拱起的乌龟，天空乃是半球形的穹庐。古代印度人认为，大地驮在象背上，大象站在龟身上，海龟浮在海洋上。古希腊对于宇宙结构有不同的学说，有人认为地球是一个浮在水面的扁盘；有人认为地球是一个球，居于世界的中央，这大概是“地球中心说”的雏形；也有人认为，地球绕轴旋转分昼夜，绕日旋转成周岁，这大概可算是“太阳中心说”的前驱了。

在长达1500年中，在西方占统治地位的宇宙结构学说是托勒玫的“地球中心说”。它认为，地球居于宇宙的中心，日月星辰在以地球为中心的一些大小不同的同心圆上运转。托勒玫的“地球中心说”在天文学的发展中起过一定的进步作用，它推动了观测天文学的发展；但是，由于人的认识越向前发展，日地关系被完全颠倒了，这个学说就越露出了破绽。它所以统治人们思想那么长的时期，除了生产力发展水平低外，主要是它适应中世纪教会统治的需要。

霍金预言——抛弃地球人类才能存活

霍金——英国剑桥大学应用数学及理论物理学系教授，当代最重要的广义相对论和宇宙论家，是当今享有国际盛誉的伟人之一，被称为在世的最伟大的科学家，还被称为“宇宙之王”和“预言家”。

2010年8月，著名物理学家史蒂芬·霍金在接受美国著名知识分子视频共享网站访谈时，曝出了惊人言论，他称地球将在200年内毁灭，而人类要想继续存活只有一条路——移民外星球。

霍金表示，人类如果想一直延续下去，就必须移民火星或其他的星球，而地球迟早会灭亡。至于这个时间期限，霍金预言：两个世纪。

霍金说：“人类已经步入越来越危险的时期，我们已经历了多次事关生死的事件。由于人类基因中携带的‘自私、贪婪’的遗传密码，人类对于地球的掠夺日盛，资源正在一点点耗尽，人类不能把所有的鸡蛋都放在一个篮子里，所以，不能将赌注放在一个星球上。”

但是，人类将如何前往外星球？科学家估计，如果用化学燃料的飞行器，前往最近的适宜生活的星球也要5万年。如果想要在人类寿命期限内移民，我们必须研制出接近光速的飞行器，同时还要保持舱内的人们在飞行过程中能持续抵御来自外太空的种种辐射。

人类对宇宙的认识

进入20世纪以来，由于人类科学技术的飞速发展，天文观测手段出现了一次又一次的革命性进展，观测到了上百亿光年的宇宙空间，了解到天体上百亿年的时间演化。天文学家们对这样大尺度空间和悠久时间里的物质演变产生了浓厚的兴趣。如何解释已观测到的许许多多客观事实，如何利用现代物理学对这些观测事实给予科学的解释。这些都是现代宇宙学的任务，它是天文学中的一个分支。也就是说，现代宇宙学从整体上研究大尺度的时空性质，物质运动的规律。它是当代天文学中最活跃的前沿阵地之一。

现代宇宙学的最大特征是必须尊重观测到的客观事实，不能凭

空想象，而且必须在理论物理学的基础上给予科学的说明。它涉及到恒星的起源和演化、星系的起源和演化、元素的起源和演化等多方面的基础理论问题。人们最想知道的是：宇宙是什么样子？宇宙有多大？宇宙的结构如何？宇宙有没有诞生之日和终结之时？

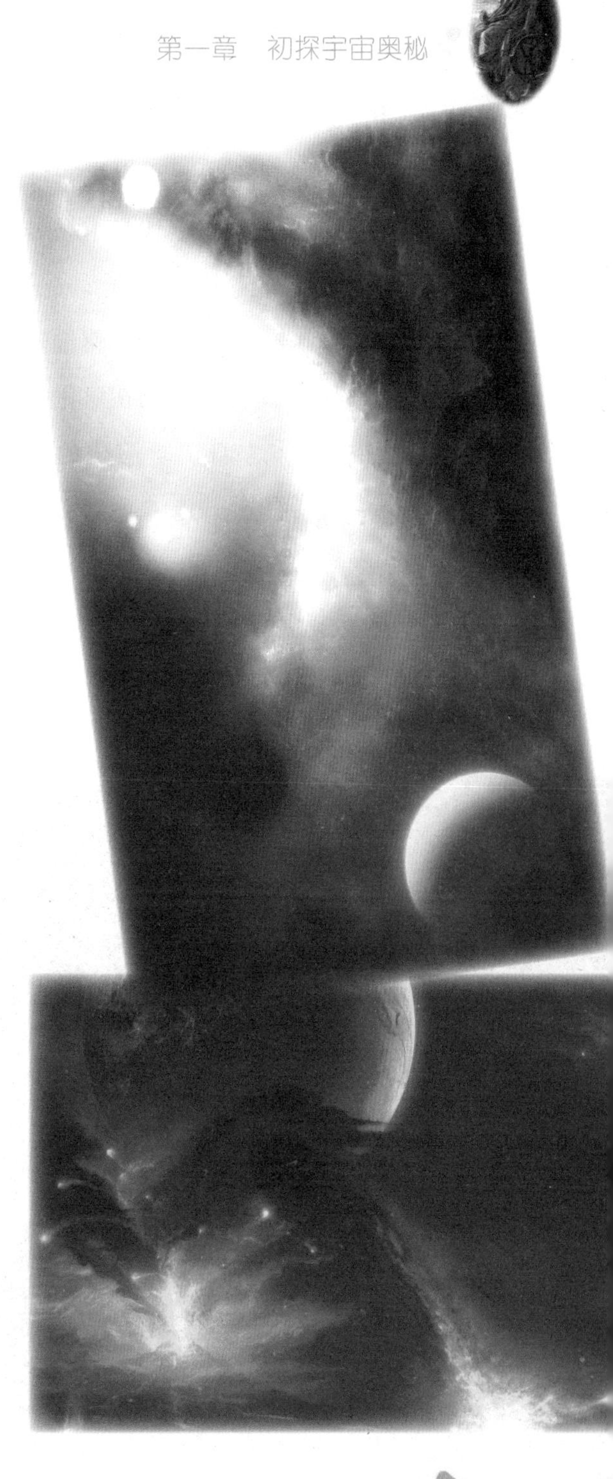

20世纪以来，天文学家们建立起多种宇宙模型。概括起来主要有两大派别：一类叫稳恒态宇宙模型，它认为宇宙在大尺度上的物质分布和物理性质是不会随时间变化，是稳恒不变的。不仅在空间上是均匀的，各向同性的，而且在时间上也是稳定的。这是1948年英国天文学家邦迪等人提出的；另一类叫演化态模型，它认为宇宙在大尺度上的物质分布和物理性质是随时间在变化的。这是1922年苏联数学家弗里德曼在解爱因斯坦引力场方程时得到的。在众多的宇宙模型中，目前影响较大的是热大爆炸宇宙学说。

热大爆炸宇宙学认为，大约在150亿年前，在一个致密炽热的奇点发生了惊人的热大爆炸。这场爆炸后，迅速形成膨胀，逐渐形成了我们今天可见的宇宙。这也就告诉我们，不仅宇宙间的万物在演化，大尺度的宇宙本身也是演化的主体。那么，现在有没有观测到的事实来支持这个观点呢？20世纪60年代，天文学中的四大发现之一的微波背景辐射认为，星空背景普遍存在着2.7K微波背景辐射，这种辐射在天空中是各向同性的。这同由理论预言的热大爆炸遗留下的余热相符，有利地支持了大爆炸宇宙学的观点。但是，热大爆炸宇宙学也有些根本性问题没得到解决。如大爆炸前的宇宙是什么样，大爆炸是怎么引起的，宇宙的膨胀未来是什么结局等等问题。关于宇宙的问题虽然没有解决，但是，我们可以总结出两个伟大的事实：第一，人是宇宙物质演化的结果，而人的思维又反过来认识宇宙间的万物，充分体

现了人的智慧和力量的伟大；第二，人类对宇宙的认识，特别是近几十年来在观测事实和理论分析中都有巨大的飞跃，它预示着未来会有突破性的成就，这也是人类社会和科学发展的规律。

◆ 现代天文学的起源

在宇宙结构问题上带革命性的学说，是16世纪波兰天文学家哥白尼提出的“太阳中心说”。它认为，太阳是宇宙的中心，地球和水星、金星、火星、木星、土星等绕太阳旋转天穹的运动只不过是地球自旋的反映而已。这个学说冲破了教会的重重阻

力，打破了中世纪“地球中心说”的观点，把科学从僧侣统治下解放了出来，其功绩是伟大的。它推翻了日动地静的说法，符合实际情况。但是，它认为太阳是宇宙的中心，这显然也是不正确的。在哥白尼之后，布鲁诺、伽利略等人把哥白尼的学说朝前发展，认为宇宙是无限的；天上无数个星星就是无数个世界，所以太阳并不是宇宙的中心。对无限的宇宙来讲，根本无所谓中心，或者说处处都是中心。

哥白尼的学说第一次把宇宙学放

在科学的基础上。其后，开普勒根据他的老师第谷的大量观测资料，总结出行星运动的三大定律，特别是牛顿发现了万有引力定律和总结出动力学三大定律后，经典的现代宇宙学形成了。从20世纪爱恩斯坦的广义相对论到21世纪霍金的黑洞理论学说，现代天文学对宇宙的起源有了新的理解和定义。

◆ 宇宙的创生

有些宇宙学家认为，暴涨模型最彻底的改革也许是观测宇宙中所有的物质和能量从无中产生的观点，这种观点之所以在以前不能被人们接受，是因为存在着许多守恒定律，特别是重子数守恒和能量守恒。但随着大统一理论的发

展，重子数有可能是不守恒的，而宇宙中的引力能可粗略地说是负的，并精确地抵消非引力能，总能

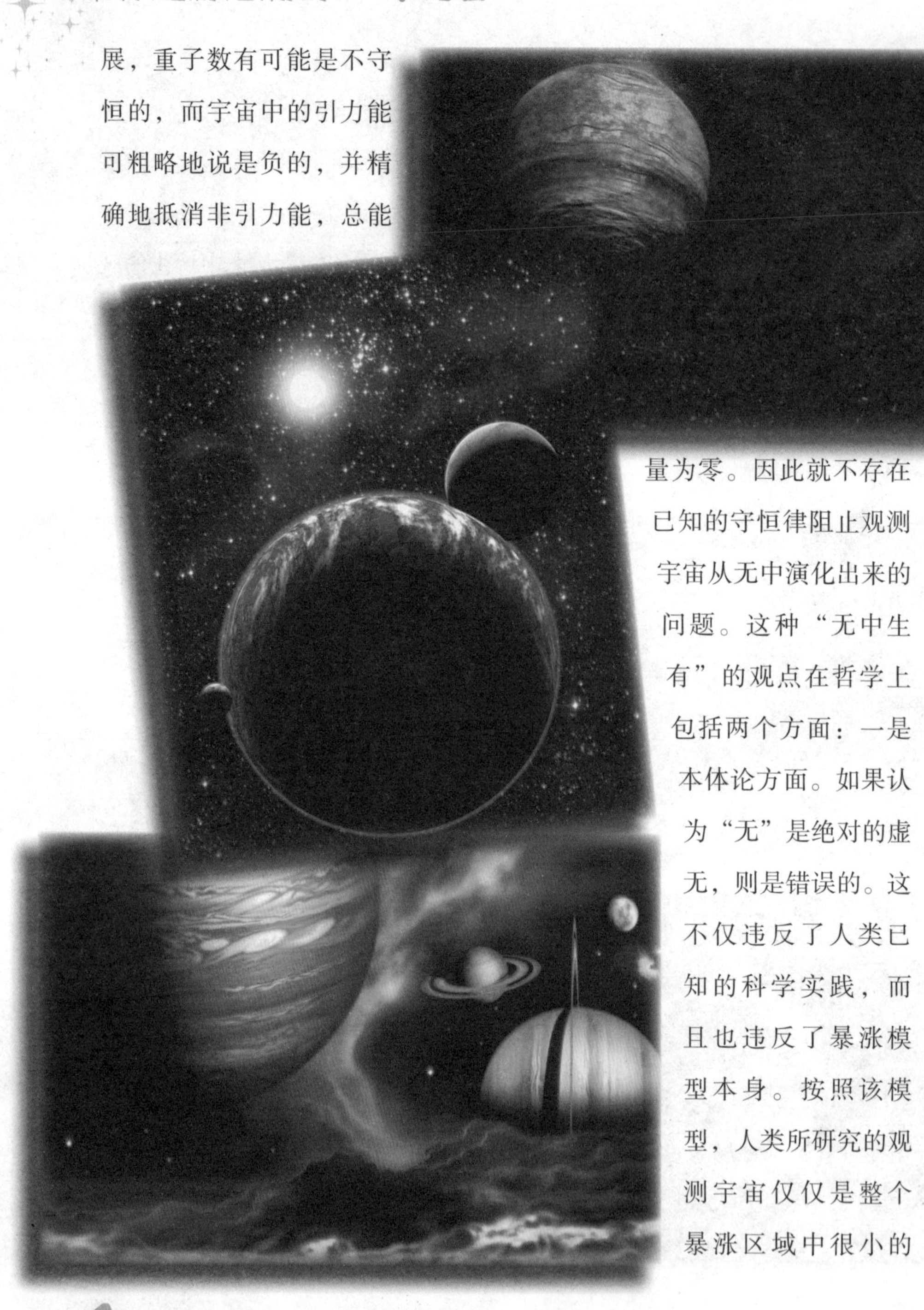

量为零。因此就不存在已知的守恒律阻止观测宇宙从无中演化出来的问题。这种“无中生有”的观点在哲学上包括两个方面：一是本体论方面。如果认为“无”是绝对的虚无，则是错误的。这不仅违反了人类已知的科学实践，而且也违反了暴涨模型本身。按照该模型，人类所研究的观测宇宙仅仅是整个暴涨区域中很小的

念是自然科学的宇宙概念。这个宇宙不论多么巨大，作为一个有限的物质体系，也

一部分，在观测宇宙之外并不是绝对的“无”。现在观测宇宙的物质是从假真空状态释放出来的能量转化而来的，这种真空能恰恰是一种特殊的物质和能量形式，并不是创生于绝对的“无”。如果进一步说这种真空能起源于“无”，因而整个观测宇宙归根到底起源于“无”，那么这个“无”也只能是一种未知的物质和能量形式。二是认识论和方法论方面。暴涨模型所涉及的宇宙概

有其产生、发展和灭亡的历史。暴涨模型把传统的大爆炸宇宙学与大统一理论结合起来，认为观测宇宙中的物质与能量形式不是永恒的，应研究它们的起源。它把“无”作为一种未知的物质和能量形式，把“无”和“有”作为一对逻辑范畴，探讨的宇宙如何从“无”——未知的物质和能量形式，转化为“有”——已知的物质和能量形式，这在认识论和方法论上有一定的意义。

宇宙是如何起源的？空间和时间的本质是什么？这是从2000多年前的古代哲学家到现代天文学家一直都在苦苦探索的问题。经过了哥白尼、赫歇尔、哈勃的从太阳系、银河系、河外星系的探索宇宙三部曲，宇宙学已经不再是幽

深玄奥的抽象哲学思辩，而是建立在天文观测和物理实验基础上的一门现代科学。

目前，学术界影响较大的“大爆炸宇宙论”是1927年由比利时数学家勒梅特提出的，他认为最初宇宙的物质集中在一个超原子的“宇宙蛋”里，在一次无与伦比的大爆炸中分裂成无数碎片，形成了现在

的宇宙。1948年，俄裔美籍物理学家伽莫夫等人，又详细勾画出宇宙由一个致密炽热的奇点于150亿年前一次大爆炸后，经一系列元素演化到最后形成星球、星系的整个膨胀演化过程的图像，但是该理论存在许多使人迷惑之处。

宏观宇宙是相对无限延伸的。“大爆炸宇宙论”关于宇宙当初仅仅是一个点，而它周围却是一片空白，即将人类至今还不能确定范围也无法计算质量的宇宙压缩在一个极小空间内的假设只是一种臆测。况且从能量与质量的正比关系考虑，一个小点无缘无故地突然爆炸成浩瀚宇宙的能量从何而来呢？

人类把地球绕太阳转一圈确定为衡量时间的标准——年。但宇宙中所有天体的运动速度都是不同的，在宇宙范围，时间没有衡量标准。譬如地球上东西南北的方向概念在宇宙范围就没有任何意义。既然年的概念对宇宙而言并不存在，大爆炸宇宙论又如何用年的概念去推算宇宙

的确切年龄呢?

1929年，美国天文学家哈勃提出了星系的红移量与星系间的距离成正比的哈勃定律，并推导出星系都在互相远离的宇宙膨胀说。哈勃定律只是说明了距离地球越远的星系运动速度越快——星系红移量与星系距离呈正比关系。但他没能发现很重要的另一点——星系红移量与星系质量也呈正比关系。

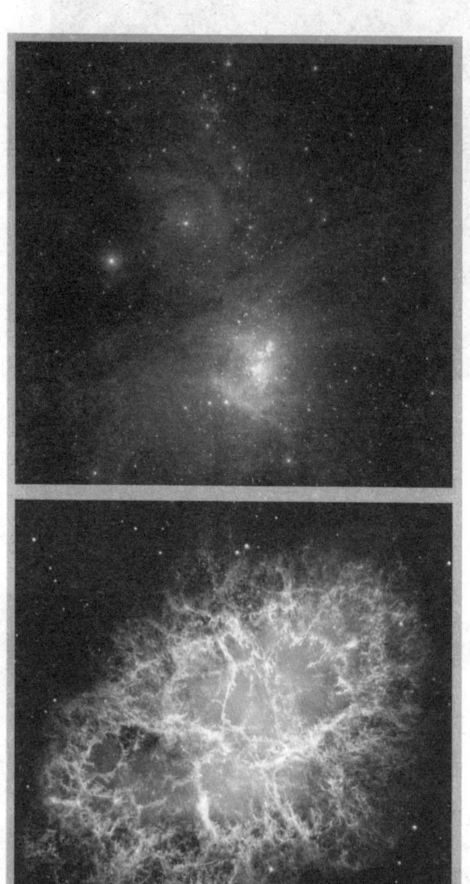

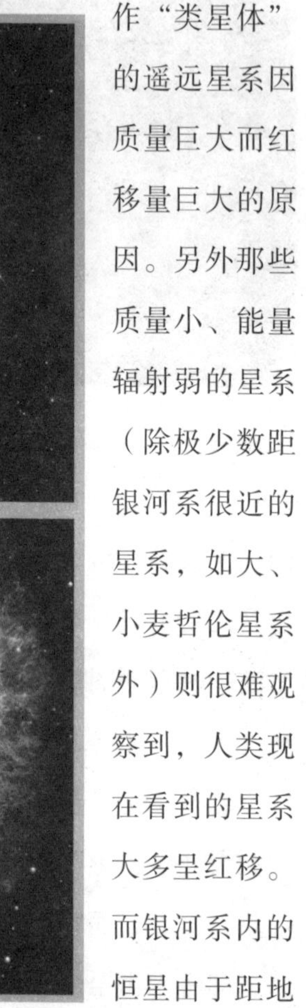

宇宙中星系间距离非常非常遥远，光线传播因空间物质的吸收、阻挡会逐渐减弱，那些运动速度越快的星系就是质量越大的星系。质量大，能量辐射就强，因此人类观察到的红移量极大的星系，当然是质量极大的星系。这就是被称作“类星体”的遥远星系因质量巨大而红移量巨大的原因。另外那些质量小、能量辐射弱的星系（除极少数距银河系很近的星系，如大、小麦哲伦星系外）则很难观察到，人类现在看到的星系大多呈红移。而银河系内的恒星由于距地球近，大小恒星都能看到，所以恒星的红移紫移数量大致相等。

导致星系红移多紫移少的另一原因是：宇宙中的物质结构都是在一定范围内围绕一个中心按圆形轨

迹运动的，不像大爆炸宇宙论描述的从一个中心向四周作放射状的直线运动。因此，从地球看到的紫移星系范围很窄，数量极少，只能是与银河系同一方向运动的那些前方比银河系小的星系和后方比银河系大的星系。只有将来研制出更高分辨程度的天文观测仪器才能看到更多的紫移星系。

宇宙中的物质分布出现不平衡时，局部物质的结构会不断发生膨胀和收缩变化，但宇宙整体结构相对平衡的状态不会改变。仅凭从地球角度观测到的部分（不是全部）可见星系与地球之间距离的远近变化，不能说明宇宙整体是在膨胀或收缩。就像地球上的海洋受引力作用不断此涨彼消的潮汐现象并不能说明海水总量是在增加或减少一样。

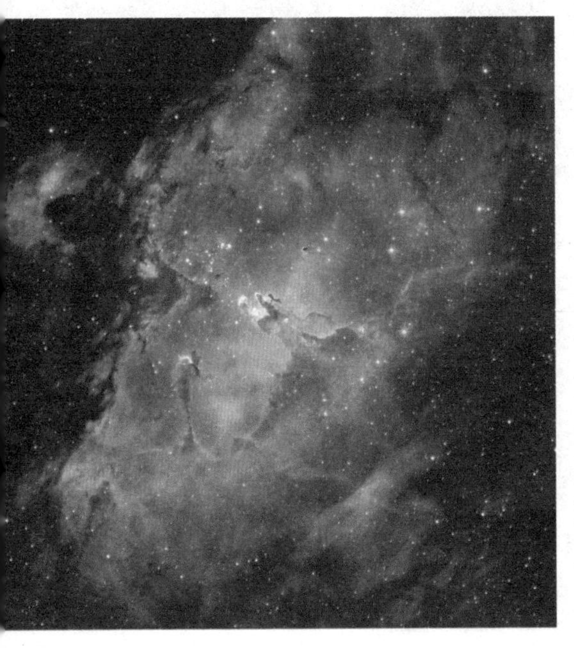

1994年，美国卡内基研究所的弗里德曼等人，用估计宇宙膨胀速率的办法计算宇宙年龄时，得出一个80～120亿年的年龄计算值。然而根据对恒星光谱的分析，宇宙中

最古老的恒星年龄为140～160亿年。这样恒星的年龄倒比宇宙的年龄还大。

1964年，美国工程师彭齐亚斯和威尔逊探测到的微波背景辐射，是因为布满宇宙空间的各种物质相互之间能量传递产生的效果。宇宙中的物质辐射是时刻存在的，3K或5K的温度值也只是人类根据自己判断设计的一种衡量标准。这种能量辐射现象只能说明宇宙中的物质由于引力作用，在大尺度空间整体分布的相对均匀性和星际空间里确实存在大量人类目前还观测不到的"暗物质"。

至于大爆炸宇宙论中的氦丰度问题，氦元素原本就是宇宙中存在的仅次于氢元素数量的极丰富的原子结构，它在空间的百分比含量和其他元素的百分比含量同样都属于物质结构分布规律中很平常的物理现象。在宇宙大尺度范围中，不仅氦元素的丰度相似，其余的

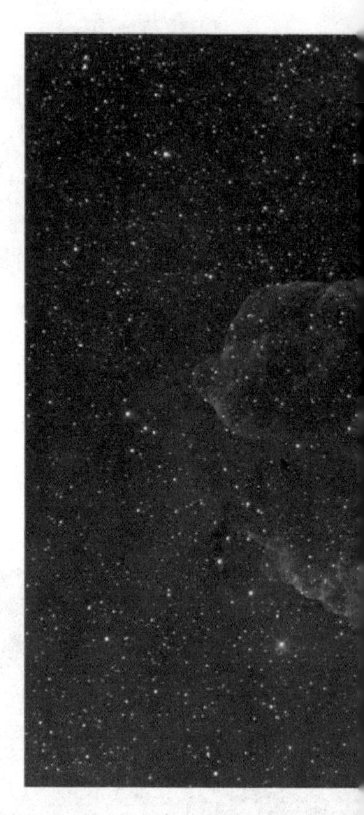

氢、氧等元素的丰度也都是相似的。而且，各种

元素是随不同的温度、环境而不断互相变换的，并不是始终保持一副面孔，所以微波背景辐射和氦丰度与宇宙的起源之间看不出有任何必然的联系。

大爆炸宇宙论面临的难题还有，如果宇宙无限膨胀下去，最后的结局会如何呢？德国物理学家克劳修斯指出，能量从非均匀分布到均匀分布的那种变化过程，适用于宇宙间的一切能量形式和一切事件，在任何给定物体中有一个基于其总能量与温度之比的物理量，他把这个物理量取名为“熵”，孤立系统中的“熵”永远趋于增大。但在宇宙中总会有高“熵”和低“熵”的区域，不可能出现绝对均匀的状态。所以，那种认为由于“熵”水平的不断升高而达到最大值时，宇宙就会进入一片死寂的永恒状态，最终“热寂”而亡的结局，是把人类现在可观测到的一部分宇宙范围当作整个宇宙的误识。

根据天文观测资料和物理理论描述宇宙的具体形态，星系的形态特征对研究宇宙结构至关重要，从星系的运动规律可以推断整个宇宙的结构形态。而星系共有的圆形旋涡结构就是整个宇宙的缩影，那些椭圆、棒旋等不同的星系形态只是因为星系年龄和观测角度不同而产生的视觉效果。

奇妙的螺旋形是自然界中最普遍、最基本的物质运动形式。这种螺旋现象对于认识宇宙形态有着重要的启迪作用，大至旋涡星系，小至DNA分子，都是在这种螺旋线中产生。大自然并不认可笔直的形式，自然界所有物质的基本结构都是曲线运动方式的圆环形状。从原子、分子到星球、星系直到星系团、超星系团无一例外，毋庸置疑，浩瀚的宇宙就是一个大旋涡。因此，确立一个“螺旋运动形态宇宙模型”，比那种作为所有物质总和的“宇宙”却脱离曲线运动模式而独辟蹊径，以直线运动方式从一个中心向四面八方无限伸展的“大爆炸宇宙模型”，更能体现真实的宇宙结构形态。

◆ 宇宙大爆炸

宇宙大爆炸仅仅是一种学说，是根据天文观测研究后得到的一种设想。大约在150亿年前，宇宙所有的物质都高度密集在一点，有着极高的温度，因而发生了巨大的爆炸。大爆炸以后，物质开始向外大膨胀，就形成了现在看到的宇宙。大爆炸的整个过程是复杂的，现在只能从理论研究的基础上，描绘远古的宇宙发展史。在这150亿年中先后诞生了星系团、星系、银河系、恒星、太阳系、行星、卫星等。现在人们看见的和看不见的一切天体和宇宙物质，形成了当今的宇宙形态，人类就是在这一宇宙演变中诞生的。

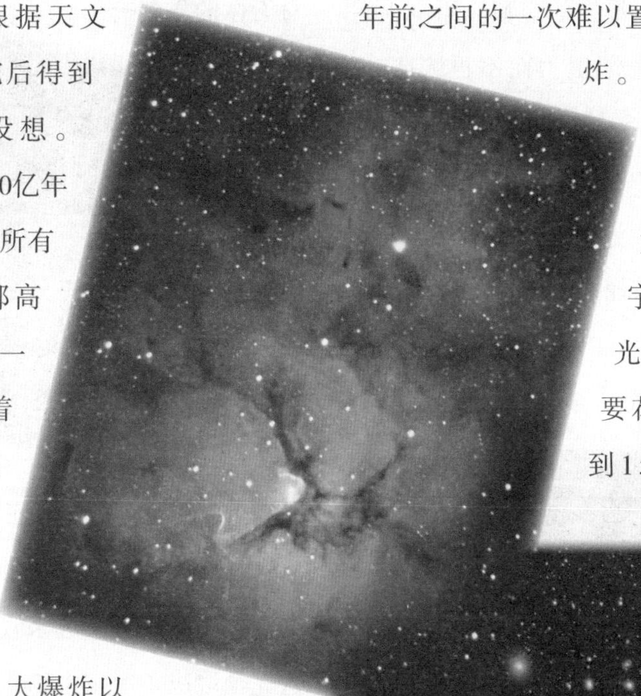

科学家认为宇宙起源为137亿年前之间的一次难以置信的大爆炸。这是一次不可想像的能量大爆炸，宇宙边缘的光到达地球要花120亿年到150亿年的

时间。大爆炸散发的物质在太空中漂游，由许多恒星组成的巨大的星系就是由这些物质构成的，太阳就是这无数恒星中的一颗。原本人们想象宇宙会因引力而不再膨胀，但是，科学家已发现宇宙中有一种“暗能量”会产生一种斥力而加速宇宙的膨胀。

大爆炸后的膨胀

过程是一种引力和斥力之争，爆炸产生的动力是一种斥力，它使宇宙中的天体不断远离；天体间又存在万有引力，它会阻止天体远离，甚至力图使其互相靠近。引力的大小与天体的质量有关，因而大爆炸后宇宙的最终归宿是不断膨胀还是最终会停止膨胀并反过来收缩变小，这完全取决于宇宙中物质密度的大小。

理论上存在某种临界密度，如果宇宙中物质的平均密度小于临界密度，宇宙就会一直膨胀下去，称为开宇宙；要是物质的平均密度大于临界密度，膨胀过程迟早会停下来，并随之出现收缩，称为闭宇宙。

这样问题似乎变得很简单，但实则不然。理论计算得出的临界密度为50～30克/立方厘米。但要测定宇宙中物质平均密度就不那么容易了。星系间存在广袤的星系空间，如果把目前所观测到的全部发光物质的质量平摊到整个宇宙空间，那么，平均密度就只有20～31克/立方厘米，远远低于上述临界密度。

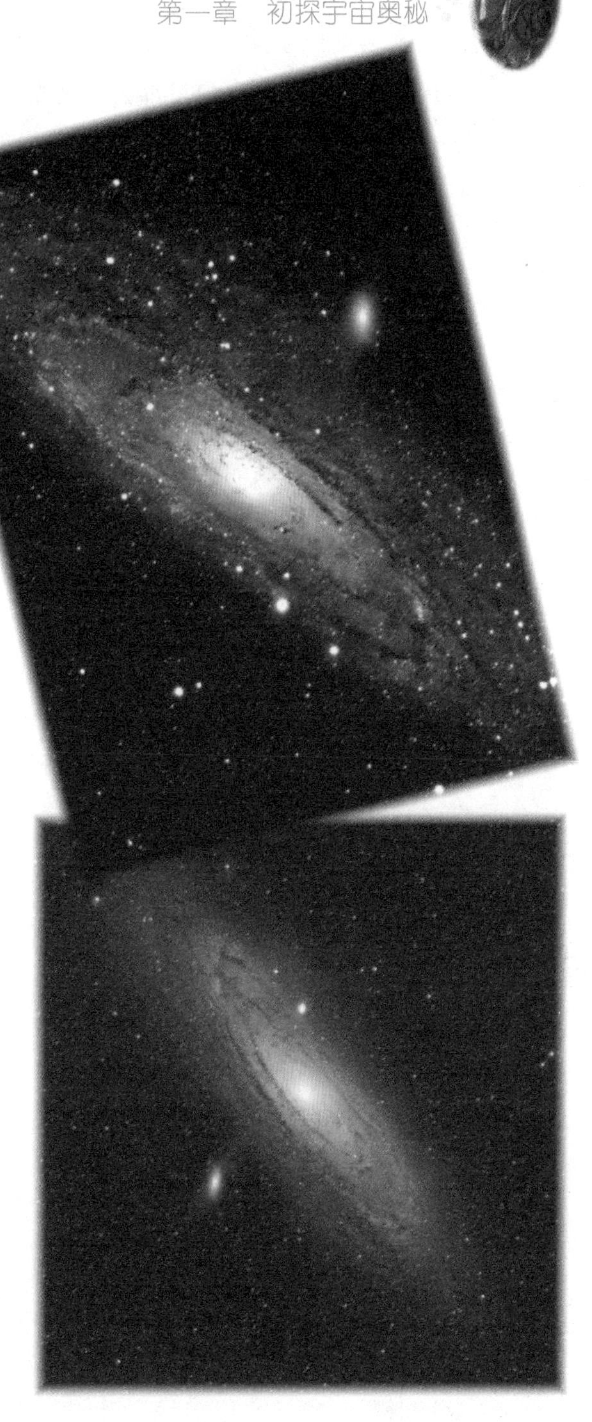

然而，种种证据表明，宇宙中还存在着尚未观测到的所谓的暗物质，其数量可能远超过可见物质，这给平均密度的测定带来了很大的不确定因素。因此，宇宙的平均密度是否真的小于临界密度仍是一个有争议的问题。不过，就目前来看，开宇宙的可能性大一些。

恒星演化到晚期，会把一部分物质（气体）抛入星际空间，而这些气体又可用来形成下一代恒星。这一过程会使气体越耗越少，以致最后再没有新的恒星可以形成。

10～14年后，所有恒星都会失去光辉，宇宙也就变暗。同时，恒星还会因相互作用不断从星系逸出，星系则因损失能量而收缩，结果使中心部分生成黑洞，并通过吞食经过其附近的恒星而长大。

10～17、18年后，对于一个星系来说只剩下黑洞和一些零星分布的死亡了的恒星，这时，组成恒星的质子不再稳定。当宇宙到10～24岁时，质子开始衰变为光子和各种轻子。10～32岁时，这个衰变过程进行完毕，宇宙中只剩下光子、轻子和一些巨大的黑洞。

10～100年后，通过蒸发作用，有能量的粒子会从巨大的黑洞中逸出，并最终完全消失，宇宙将归于一片黑暗。这也许就是开宇宙末日到来时的景象，但它仍然在不断地、缓慢地膨胀着。

闭宇宙的结局又会怎样呢？宇宙的膨胀过程结束时间早晚取决于宇宙平均密度的大小。如果假设平均密度是临界密度的2倍，那么根据一种简单的理论模型，经过400～500亿年后，当宇宙半径扩大到目前的2倍左右时，引力开始占上风，膨胀即告停止，接下来宇宙便开始收缩。

以后的情况就是大爆炸后宇宙中所发生的一切重大变化将会反演。收缩几百亿年后，宇宙的平均密度又大致回到目前的状态，不过，原来星系远离地球的退行运动将代之以向地球接近的运动。再过几十亿年，宇宙背景辐射会上升到400开，并继续上升，于是，宇宙变得非常炽热而又稠密，收缩也越来越快。

在坍缩过程中，星系会彼此并合，恒星间碰撞频繁。一旦宇宙温度上升到4000K，电子就从原子中游离出来；温度达到几百万度时，所有中子和质子从原子核中挣脱出来。很快，宇宙进入“大暴缩”阶段，一切物质和辐射极其迅速地被吞进一个密度无限高、空间无限小的区域，回复到大爆炸发生时的状态。

空间探测的现状

40年前绝大多数科学家都认为地球除了接受太阳光的辐射恩惠外，几乎是在一个空无一物的真空中估计的运行着。现在这种观念已经从根本上得到了改变，于是便诞生和成长起日地空间物理。如果说地球是沉没和行驶在一种电离气体等离子体的海洋里，像潜艇在海洋中一样，在充满各种能量的等离子体洪流中行驶着，人们也会感到惊奇。地球确实就在这种“海洋里”，每时每刻都经受着平均风速高达400千米／秒太阳风等离子体的吹袭。即使你没有听到风吼，也感觉不到房屋和大地的摇动，这狂风确实强烈地影响了地球。在地球的两极区，会突然有极光从天空上垂挂下

来；地磁场发生了强烈的扰动——磁暴；无线电通讯突然中断；卫星上的仪器莫名其妙地损坏；地面上长程输电线路感应了新的电流……这些想象都与地球外空发生的某些物理过程有关。

20世纪的前50年，人们对地球外层大气和电离层都知之甚少，更不用说广袤日地空间里的现象。受观测手段的局限主要是地面上对地磁变化的观察，分布全球的地磁台长期观测分析出地磁场的各种变化，并由此反演和推断引起这种变化的外空原因。地磁场每日规则变化反演地球高空电离层电流体系和由地磁暴推断围绕地球环电流的存在就是成功的例子。

早在1931年，恰普曼就预见到地球磁场不会延伸到无穷远，它们将被太阳风限制住，他计算了太阳风等离子体和地磁场的相互作用。把高速向地球扫过来的太阳风等离子体看做是几乎没有电阻的导体平面，在导体一侧有地球偶极子磁场，另一侧是没有没有磁场的等离子体，这样太阳风等离子体前进

到接近地球磁场时，导体品面就产生感应电流，这感应电流既把地磁场限制在一定范围内，同时也阻止太阳风等离子体穿入地磁场深处。这就是人类今天了解到的地球磁层形成的雏形。1958年，美国天文学家帕克预言了太阳风——太阳连续吹出的等离子体流，四年后被观测证实地磁场被太阳风包围，完全被限定在一个范围，地球和行星际空间接壤有了自己永久的边界，这就是磁层。

太阳高能粒子可直达电离层和地球大气。夜间围绕地磁尾是薄的等离子体片。在环绕地球的赤道区高能电子和离子形成几个分立的捕获区，叫做辐射带，它们被更广大的热等离子层包围着。所有这些结构都通过地磁力线与地球的电离层联系着。边界层附近是太阳风穿入磁层的冷等离子体和由磁层内部逃逸出来的等离子体混合着。

太阳表面发生的剧烈活动（耀斑、日冕物质抛射事件等等），会使通常比较稳定的行星际太阳风发生剧烈变化，并影响地球磁层，特别是将能量聚集到磁尾，然后通过磁暴和磁层亚暴将能量释放出来。磁暴和磁层

亚暴主要通过粒子尘降、场向电流和对流电场，向地球两极地区输送能量产生极光，并引起电离层、热层扰动，形成电离层暴和热层暴，影响中性大气和电离层全球结构变化。在磁暴期间，赤道环电流增强，在地面形成强烈的地磁扰动。有时磁暴期间还会形成辐射带相对论性电子增强，它是和太阳活动密切相关的。

在空间时代来临之前，人类对外层空间的认识主要是根据地球表面观测到的现象去推测外层空间所发生的一些物理过程。1958年第一颗人造地球卫星的发射成功开辟了人类对地球外层空间和行星际直接探测的的新时代，随着航天技术飞速发展，人类探测、研究和利用日地空间的能力也有了极大的提高，发现了大量新的现象，地球辐射带、地球弓激波、磁层顶、磁尾和太阳风等。目前，空间探测的重点已由早期开拓疆土式的空间发现转入深入了解地球空间环境发生复杂物理过程方面。

第二章 太阳与太阳系家族

清晨，当太阳从红霞中喷薄而出，把万丈金光洒向大地，一种蓬勃向上的激情就会油然而生。看到这个充满生机的世界，人们不能不热爱和赞美赐予我们生命和力量的万物主宰——太阳。

中华民族的先民把自己的祖先炎帝尊为太阳神。而在绚丽多彩的希腊神话中，太阳神被称为“阿波罗”。他右手握着七弦琴，左手托着象征太阳的金球，让光明普照大地，把温暖送到人间，是万民景仰的神灵。在天文学中，太阳的符号“⊙”和中华民族的象形字“日”十分相似，它象征着宇宙之卵。

太阳的质量相当于地球质量的33万多倍，体积大约是地球的130万倍，半径约为70万千米，是地球半径的109倍多。虽然如此，它在宇宙中也只是一个普通的恒星。太阳系是以太阳为中心，和所有受到太阳的重力约束天体的集合体：8颗行星、至少165颗已知的卫星、5颗已经辨认出来的矮行星（冥王星和它的卫星）和数以亿计的太阳系小天体。这些小天体包括小行星、柯伊伯带的天体、彗星和星际尘埃。这一章，将带领大家去了解太阳系的家庭成员。

太阳及其家族成员

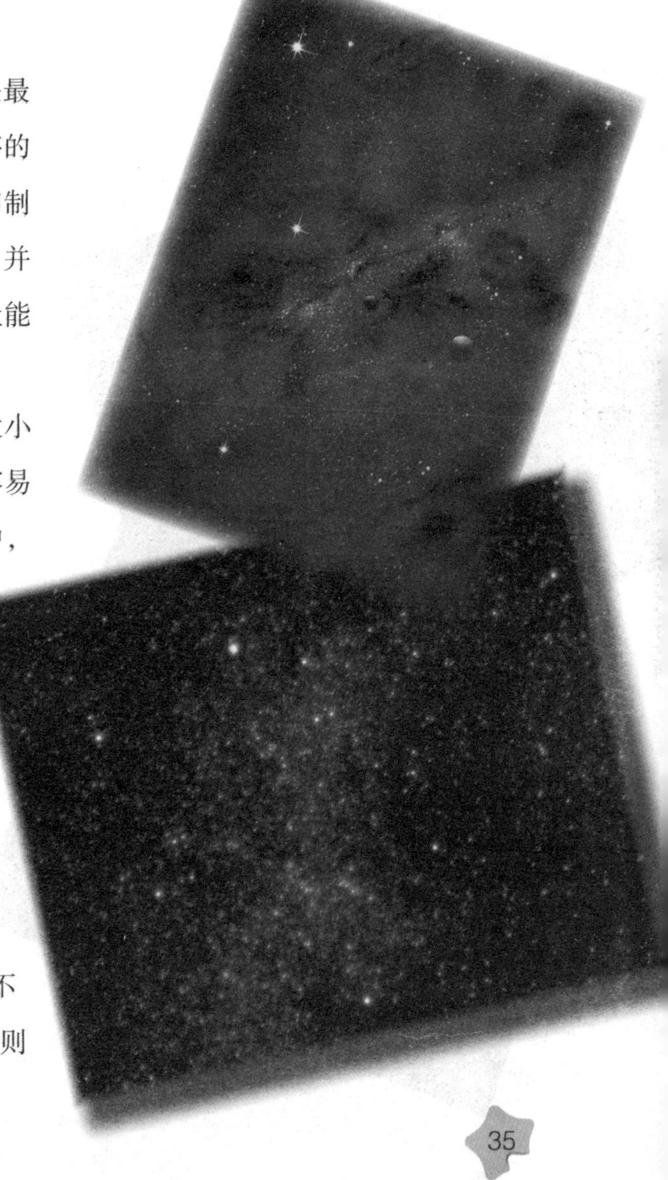

◆ 太　阳

太阳是太阳系的母星，也是最主要和最重要的成员。它有足够的质量让内部的压力与密度足以抑制和承受核融合产生的巨大能量，并以辐射的型式，例如可见光，让能量稳定的进入太空。

太阳在分类上是一颗中等大小的黄矮星，不过这样的名称很容易让人误会，其实在我们的星系中，太阳是相当大和明亮的。恒星是依据赫罗图的表面温度与亮度对应关系来分类的。通常，温度高的恒星也会比较明亮，而遵循这一规律的恒星都会位在所谓的主序带上，太阳就在这个带子的中央。但是，比太阳大且亮的星并不多，而比较暗淡和低温的恒星则很多。

太阳在恒星演化的阶段正处于壮年期，尚未用尽在核心进行核融合的氢。太阳的亮度仍会与日俱增，早期的亮度只是现在的75%。

计算太阳内部氢与氦的比例，认为太阳已经完成生命周期的一半，在大约50亿年后，太阳将离开主序带，并变得更大更加明亮，但表面温度却降低的红巨星，届时它的亮度将是目前的数千倍。

太阳是在宇宙演化后期才诞生的第一星族恒星，它比第二星族的恒星拥有更多比氢和氦重的金属。比氢和氦重的元素是在恒星的核心形成的，必须经由超新星爆炸才能释入宇宙的空间内。换言之，第一代恒星死亡之后宇宙中才有这些重元素。最老的恒星只有少量的金属，后来诞生的才有较多的金属。高金属含量被认为是太阳能发展出行星系统的关键，因为行星是由累积的金属物质形成的。

太阳处于太阳系的中心，是太阳系的主宰。它的质量占太阳系总质量的99.865%，是太阳系所有行星质量总和的745倍。所以，它有足够强大的吸引力，带领它大大小小的家族成员围着自己不停地旋转。

太阳是人类唯一能观测到表面

细节的恒星。人类直接观测到的是太阳的大气层，它从里向外分为光球、色球和日冕三层。虽然就总体而言，太阳是一个稳定、平衡、发光的气体球，但它的大气层却处于局部的激烈运动之中。如：黑子群的出没、日珥的变化、耀斑的爆发等等。太阳活动现象的发生与太阳磁场密切相关。太阳周围的空间也充满从太阳喷射出来的剧烈运动着的气体和磁场。

◆ 太阳系家族成员

太阳系是由太阳、行星及其卫星、小行星、彗星、流星和行星际物质构成的天体系统，太阳是太阳系的中心，八大行星以及数以万计的小行星所占比例微乎其微。它们沿着自己的轨道万古不息地绕太阳运转着，同时，太阳又慷慨无私地奉献出自己的光和热，温暖着太阳系中的每一个成员，促使它们不停地发展和演变。

在这个家族中，离太阳最近的行星是水星，向外依次是金星、地球、火星、木星、土星、天王星、海王星。它们当中，肉眼能看到的

只有五颗，对这五颗星，各国命名不同，我国古代有五行学说，因此便用金、木、水、火、土这五行来分别把它们命名为金星、木星、水星、火星和土星，这并不是因为水星上有水，木星上有树木才如此称呼。在欧洲则是用罗马神话人物的名字来称呼它们。近代发现的三颗远日行星，西方按照神话人物名字命名的传统，以天空之神、海洋之神的名称来称呼它们，在中文里便相应译为天王星、海王星。八大行星与太阳按体积由大到小排序为太阳、木星、土星、天王星、海王星、地球、金星、火星、水星。它们按质量、大小、化学组成以及和太阳之间的距离等标准，大致可以分为三类：类地行星（水星、金星、地球、火星）；巨行星（木星、土星）；远日行星（天王星、海王星）。它们在公转时有共面性、同向性、近圆性的特征。在火星与木星之间存在着数十万颗大小不等，形状各异的小行星，天文学把这个区域称为小行星带。除此以外，太阳系还包括许许多多的彗星和无以计数的天外来客——流星。

天文小百科

希腊太阳神话

太阳神阿波罗是天神宙斯和女神勒托所生之子。神后赫拉由于妒忌宙斯和勒托的相爱，残酷地迫害勒托，致使她四处流浪。后来总算有一个浮岛德罗斯收留了勒托，她在岛上艰难地生下了日神和月神。于是赫拉就派巨蟒皮托前去杀害勒托母子，但没有成功。后来，赫拉不再与他们为敌，他们又回到众神行列之中。阿波罗为替母报仇，就用他那百发百中的神箭射死了给人类带来无限灾难的巨蟒皮托，为民除了害。阿波罗在杀死巨蟒后十分得意，但是这时遇见小爱神厄洛斯时讥讽他的小箭没有威力，于是厄洛斯就用一枝燃着恋爱火焰的箭射中了阿波罗，而用一枝能驱散爱情火花的箭射中了仙女达佛涅，令他们痛苦。达佛涅为了摆脱阿波罗的追求，就让父亲把自己变成了月桂树，不料阿波罗仍对她痴情不已，这令达佛涅十分感动。而从那以后，阿波罗就把月桂作为饰物，桂冠成了胜利与荣誉的象征。每天黎明，太阳神阿波罗都会登上太阳金车，拉着缰绳，高举神鞭，巡视大地，给人类送来光明和温暖。所以，人们把太阳看作是光明和生命的象征。

内太阳系

内太阳系在传统上是类地行星和小行星带区域的名称，主要是由硅酸盐和金属组成的。这个区域挤在靠近太阳的范围内，半径还比木星与土星之间的距离还小。

四颗内行星或是类地行星的特点是高密度、由岩石构成，只有少量或没有卫星，也没有环系统。它们由高熔点的矿物组成表面固体的地壳和半流质的地幔，以及由铁、镍构成的金属核心所组成。四颗中的三颗（金星、地球和火星）有实质的大气层，全部都有撞击坑和地质构造的表面特征（地堑和火山等）。内行星容易和比地球更接近太阳的内侧行星（水星和金星）混淆。

◆ 水星——众神信使

水星是八大行星中最靠近太阳的行星，中国古代称水星是辰星。西方人叫它墨丘利，墨丘利是罗马神话中专为众神传递信息的使者，而水星也不愧为信使的称号：它是太阳系中运动最快的行星。水星公转平均速度为每秒48千米，公转周期约为88天。

由于水星距离太阳太近了，个头又小，人们平时很难看到它。水星的表面和月球表面极为相似，上面布满了大大小小的环形山。水星的大气极为稀薄，昼夜温差很大，白天表面温度可达427度以上，黑夜最低温度可降到零下173度左右。

水星的半径为2440千米，是地球半径的38.3%。水星的体积是地球的5.62%，质量是地球的0.05倍。水星外貌如月，内部却像地

球，也分为壳、幔、核三层。天文学家推测水星的外壳是由硅酸盐构成的，其中心有个比月球还大的铁质内核。

水星的自转周期为58.646日，自转方向与公转方向相同。由于自转周期与公转周期很接近，所以水星上的一昼夜比水星自转一周的时间要长得多。它的一昼夜为人类的176天，白天和黑夜各88天。

水星没有卫星，因此水星的夜晚是寂寞的，那里没有“月亮”，除了太阳以外，天空中最亮的星是金星。

◆ 金星——带着面纱的近邻

天亮前后，东方地平线上有时会看到一颗特别明亮的“晨星”，人们叫它“启明星”；而在黄昏时分，西方余辉中有时会出现一颗非常明亮的“昏星”，人们叫它“长庚星”。这两颗星其实是一颗，即金星。金星是太阳系的八大行星之一，按离太阳由近及远的次序是第

二颗，它是离地球最近的行星。

金星，在中国民间被称为“太白”或“太白金星”。古代神话中，“太白金星”是一位天神。古希腊人称金星为“阿佛洛狄忒”，是代表爱与美的女神。而罗马人把这位女神称为“维纳斯”，于是金星也被称为维纳斯了。

除太阳和月亮之外，金星是全天最亮的星，亮度最大时为-4.4等，比著名的天狼星（除太阳外全天最亮的恒星）还要亮14倍。金星没有卫星，因此金星上的夜空没有“月亮”，最亮的“星星”是地球。由于离太阳比较近，所以在金星上看太阳，太阳的大小比地球上看到的大1.5倍。

有人称金星是地球的孪生姐妹，确实，从结构上看，金星和地球有不少相似之处。金星的半径约为6073千米，只比地球半径小300千米，体积是地球的0.88倍，质量为地球的4/5；平均密度略小于地球，但两者的环境却有天壤之别：

金星的表面温度很高，不存在液态水，加上极高的大气压力和严重缺

氧等残酷的自然条件，金星不可能有任何生命存在。因此，金星和地球只是一对“貌合神离”的姐妹。

金星大气中，二氧化碳最多，占97％以上。同时还有一层厚达20～30千米的由浓流酸组成的浓云。金星表面温度高达465～485度，大气压约为地球的90倍。

金星的自转很特别，自转方向与其它行星相反，是自西向东。因此，在金星上看，太阳是西升东落。它自转一周要243天，但金星上的一昼夜特别长，相当于地球上的117天，这就是说金星上的“一年”只有“两天”，一年中只能看到两次“日出”。金星绕太阳公转的轨道是一个很接近正圆的椭圆形，其公转速度约为每秒35千米，公转周期约为224.70天。

◆ 地球——人类的家园

地球是内行星中最大且密度最高的，也是唯一地质活动仍在持续进行中并拥有生命的行星。它也拥有类地行星中独一无二的水圈和被观察到的板块结构。地球的大气也

与其他的行星完全不同，被存活在这儿的生物改造成含有21%的自由氧气。它只有一颗卫星，即月球；月球也是类地行星中唯一的大卫星。地球公转（太阳）一圈约365天，自转一圈约1天。太阳并不是总是直射赤道，因为地球围绕太阳旋转时，稍稍有些倾斜。

地球是太阳系八大行星之一，按离太阳由近及远的次序为第三颗。它有一个天然卫星——月球。地球是太阳系中一颗普通的行星，但它在许多方面却都是独一无二的。譬如，它是太阳系中唯一一颗表面大部分被水覆盖的行星，也是目前所知唯一有生命存在的一颗星球。它的地质活动的激烈程度在九大行星中也是首屈一指的。

◆ **火星——红色战神**

火星是八大行星之一，按照距离太阳由近及远的次序为第四颗。肉眼看去，火星是一颗引人注目的火红色星，它缓慢地穿行于众星之间，在地球上看，它时而顺行时而逆行，而且亮度也常有变化，最暗时视星等为+1.5，最亮时比天狼星还亮得多，达到-2.9。由于火星荧

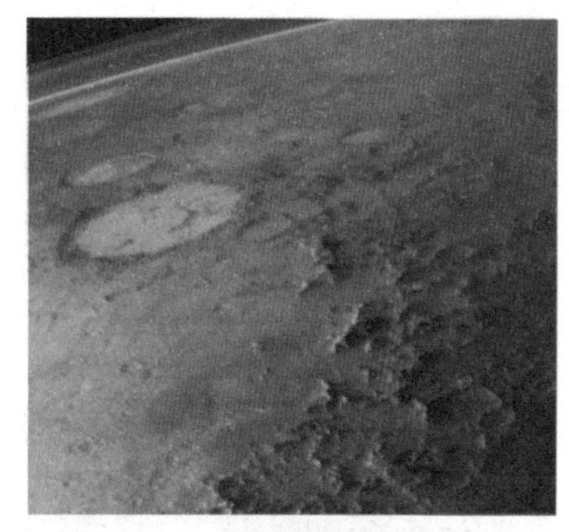

荧如火，亮度经常变化，位置也不固定，所以中国古代称火星为“荧惑”。而在古罗马神话中，则把火星比喻为身披盔甲浑身是血的战神“玛尔斯”。在希腊神话中，火星同样被看做是战神“阿瑞斯”。

火星表面的土壤中含有大量氧化铁，由于长期受紫外线的照射，铁就生成了一层红色和黄色的氧化物。夸张一点说，火星就像一个生满了锈的世界。由于火星距离太阳比较远，所接收到的太阳辐射能只有地球的43%，因而地面平均温度大约比地球低30多摄氏度，昼夜温差可达上百摄氏度。在火星赤道附近，最高温度可达20摄氏度左右。火星上也存在大气。其主要成份是二氧化碳，约占95%，还有极少量的一氧化碳和水汽。

火星比地球小，赤道半径为3395千米，是地球的一半，体积不到地球的1/6，质量仅是地球的1/10。火星的内部和地球一样，也有核、幔、壳的结构。

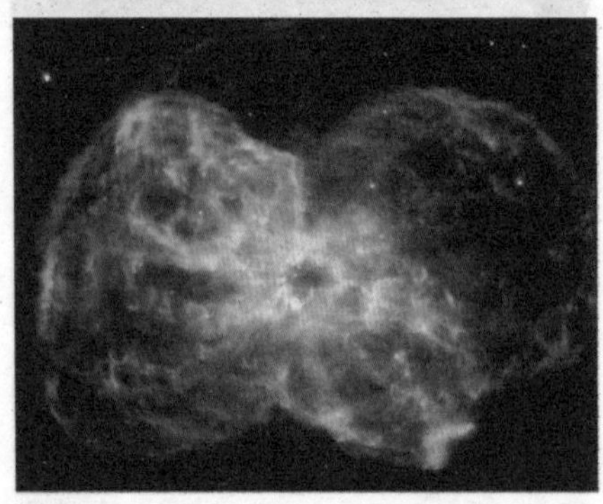

火星的自转和地球十分相似，自转一周的时间为24小时37分22.6秒。火星上的一昼夜比地球上的一昼夜稍长一点。火星公转一周约为687天，火星的一年约等于地球的两年。

火星有两个卫星，靠近火星的一个叫火卫一，较远的一个叫火卫二。由于火星在希腊神话中被看做是战神阿瑞斯，所以天文学家以阿瑞斯的两个儿子——福波斯和德瑞斯命名它的两颗卫星。

◆ 小行星带

在太阳系中，除了八大行星以外，在红色的火星和巨大的木星轨道之间，还有成千上万颗肉眼看不见的小天体，沿着椭圆轨道不停地围绕太阳公转。与八大行星相比，它们好像微不足道的碎石头，这些小天体就是太阳系中的小行星。

1801年，科学家们在夜空中发现了一个闪光的小物体。起初他们以为这个名为“谷神星”的东西是颗行星，然而一年后又发现了一个同谷神星十分相像的物体。他们意识到行星不可能这么小，于是将其命名为小行星，意思是“象星星一样”。

直到1951年也只发现8颗小行星。而今天天文学家运用先进科技已经辨别出约5000多颗小行星。

最大的小行星直径也只有1000 千米左右，微型小行星则只有鹅卵石一般大小。直径超过 240 千米的小行星约有 16 个。它们都位于地球轨道内侧到土星的轨道外侧的太空中。而绝大多数的小行星都集中在火星与木星轨道之间的小行星带。其中一些小行星的运行轨道与地球轨道相交，曾有某些小行星与地球发生过碰撞。

小行星是太阳系形成后的物质残余。有一种推测认为，它们可能是一颗神秘行星的残骸，这颗行星在远古时代遭遇了一次巨大的宇宙碰撞而被摧毁。但从这些小行星的特征来看，它们并不像是曾经集结在一起。如果将所有的小行星加在一起组成一个单一的天体，那它的直径只有不到 1500 千米——比月球的半径还小。

太阳系中成千上万颗小行星都没能积聚形成行星。它们的体积大小不等，有的与高尔夫球一般大，而有的则相当于整个罗德艾兰州那

星数量最多，占了75%，它们含有丰富的碳。

有时小行星的轨道会对地球造成威胁。地球和受到撞击而布满陨石坑的月球一样，也是宇宙撞击的目标。

人类对小行星的所知很多是从研究坠落到地球表面的陨石而来。那些进入地球大气层的小行星称为流星体。流星体高速飞入大气，其表面与空气摩擦产生极高的温度，随之汽化并发出强光，这就是流星。如果流星没有被完全烧毁而坠落到地面，就是陨星。

大约 92.8%的陨星的主要成分是二氧化硅（也就是普通岩石），5.7%是铁和镍，其他的陨石是这三种物质的混合物。含石量大的陨星称为陨石，含铁量大的陨星称为陨铁。因为陨石与地球岩石非常相似，所以一般较难辨别。

么大。大多数在火星与木星之间的小行星带中进行轨道运行。

大多数小行星沿着木星的路线进行规则的轨道运行。另外一些轨道则为偏心圆，远时靠近天王星，近时靠近地球。到目前为止，天文学家发现有几百颗小行星穿过地球轨道，据估计还有成千上万颗小行星未被发现。

天文学家们根据陨石成份和光谱将大部分小行星分成三大类。“硅质”小行星含有一个石质硅层包围的铁镍内核，这种小行星约占15%。“金属质”小行星占10%，主要由铁和镍组成。“碳质”小行

末日预言

（1）玛雅预言

玛雅预言中提到，到目前为止，地球已经过了四个“太阳纪”。每一纪结束，地球都会上演一出惊心动魄的毁灭惨剧。2012年将是第五个“太阳纪”结束的时候，12月21日末日将会到来。

（2）两极倒转

某些“世界末日论”的预言者声称，到2012年，地球将会两极倒转，地球外壳和表面将会突然分离，地心内部的岩浆将会喷涌而出。分离的大陆会将整个人类填入大海，地震、海啸、火山以及其他灾难一起出现。

（3）天体重叠

一些星象学家认为，2012年将可能会出现“天体重叠”，太阳在天空中的线路将会穿过银河系的最中央，将会让地球处于质量巨大的黑洞牵引之下，会加速地球的毁灭。

（4）太阳风暴袭击

在许多灾难预言中有这么一种说法，太阳将会于2012年产生致命的太阳耀斑，将地球上的人类烤焦。

中太阳系

太阳系的中部地区是气体巨星和它们有如行星大小尺度卫星的家，许多短周期彗星，包括半人马群也在这个区域内。此区没有传统的名称，偶尔也会被归入“外太阳系”，虽然外太阳系通常是指海王星以外的区域。在这一区域的固体，主要的成分是“冰”（水、氨和甲烷），不同于以岩石为主的内太阳系。

◆ 木星——八星之王

木星是八大行星中最大的一颗，可称得上是“八星之王”了。按距离太阳由近及远的次序排第五颗。在天文学上，把木星这类巨大的行星称为“巨行星”。木星还是天空中最亮的星星之一，其亮度仅次于金星，比最亮的天狼星还亮。

在我国古代，木星曾被人们用来定岁纪年，由此而被称做“岁星”。西方天文学家称木星为“朱庇特”，朱庇特是罗马神话中的众神之王，相当于希腊神话中无所不能的宙斯。

木星是一个扁球体，它的赤道直径约为142 800千米，是地球的11.2倍；体积则是地球的1316倍；而它的质量是太阳系所有行星、卫星、小行星和流星体质量总和的一倍半，也就是地球质量的318倍。如果把地球和木星放在一起，就如同芝麻与西瓜之比一样悬殊。但木星的密度很低，平均密度仅为1.33克/立方厘米。

木星大气的成分和太阳差不多，中心温度达30000摄氏度，上层大气的温度却在零下140摄氏度左右。木星上还有很强的磁场，表面的磁场强度大约是地球磁场的10倍。木星的内部结构也与众不同，

它没有固体外壳，在浓密的大气之下是液态氢组成的海洋。木星的内

部是由铁和硅组成的固体核，称为木星核，温度高达30000摄氏度。

木星自转速度非常快，赤道部分的自转周期为9小时50分30秒，是太阳系中自转最快的行星。它的自转轴几乎与轨道面相垂直。由于自转很快，星体的扁率相当大，借助望远镜，就能看出木星呈扁圆状。木星在一个椭圆轨道上以每秒13千米的速度围绕着太阳公转，轨道的半长径约为5.2天文单位。它绕太阳公转一周约需11.86年，所以木星的一年大约相当于地球

的12年。

木星是太阳系中卫星数目较多的一颗行星。迄今为止人类已经发现木星有16颗卫星。

◆ 土星——最美丽的行星

土星是太阳系八大行星之一，按离太阳由近及远的次序是第六颗；按体积和质量都排在第二位，仅次于木星。它和木星在很多方面都很相似，也是一颗“巨行星”。从望远镜里看去，土星好象是一顶漂亮的遮阳帽飘行在茫茫宇宙中。它那淡黄色的、橘子形状的星体四周飘拂着绚烂多姿的彩云，腰部缠绕着光彩夺目的光环，可算是太阳系中最美丽的行星了。

古时候，中国人称土星为“镇星”或“填星”，而西方则称之为克洛诺斯。无论是东方还是西方，都把这颗星与人类密切相关的农业联系在一起。

土星是扁球形的，它的赤道直径有12万千米，是地球的9.5倍，两极半径与赤道半径之比为0.912，赤道半径与两极半径相差的部分几乎等于地球半径。土星质量是地球的95.18倍，体积是地球的730倍。虽然体积庞大，但密度

却很小，每立方厘米只有0.7克。

土星内部也与木星相似，有一个岩石构成的核心。核的外面是5000千米厚的冰层和8000千米的金属氢组成的壳层，最外面被色彩斑斓的云带包围着。土星的大气运动比较平静，表面温度很低，约为零下140摄氏度。

土星以平均每秒9.64千米的速度斜着绕太阳公转，其轨道半径约为14亿千米，公转速度较慢，绕太阳一周需29.5年，可是它的自转很快，赤道上的自转周期是10小时14分钟。

土星的美丽光环是由无数个小块物体组成的，它们在土星赤道面上绕土星旋转。土星还是太阳系中卫星数目最多的一颗行星，周围有许多大大小小的卫星紧紧围绕着它旋转，就象一个小家族。到目前为止，总共发现了23颗。土星卫星的形态各种各样，五花八门，使天文学家们对它们产生了极大的兴趣。

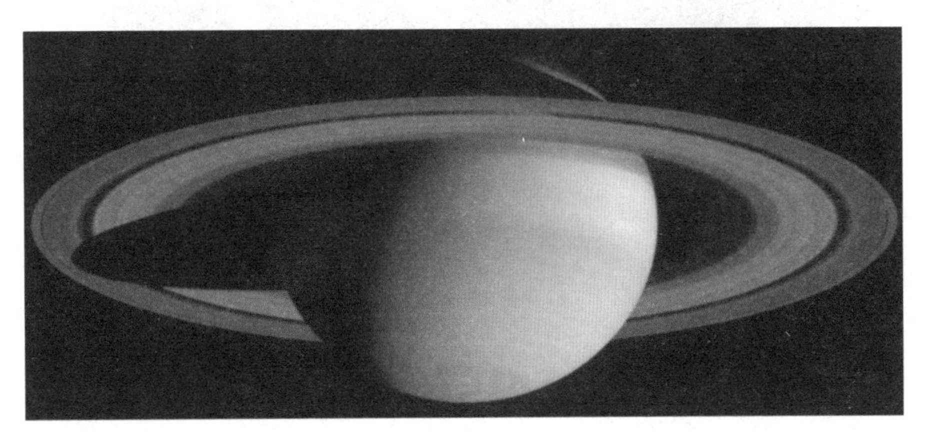

最著名的“土卫六”上有大气，是目前发现的太阳系卫星中，唯一有大气存在的天体。

◆ **天王星——躺在轨道上运行**

天王星是一颗远日行星，按照距离太阳由近及远的次序是第七颗。在西方，天王星被称为“乌刺诺斯”，他是第一位统治整个宇宙的天神。他与地母该亚结合，生下了后来的天神，是他费尽心机将混沌的宇宙规划得和谐有序。在中文中，人们就将这个星名译做“天王星”。

天王星是一个蓝绿色的圆球，它的表面具有发白的蓝绿色光彩和与赤道不平行的条纹，这大概是由于自转速度很快而导致的大气流动。天王星的赤道半径约为25900千米，体积是地球的65倍。质量约为地球的14.63倍。天王星的密度较小，平均密度每立方厘米1.24克。天王星大气的主要成分是氢、氦和甲烷。

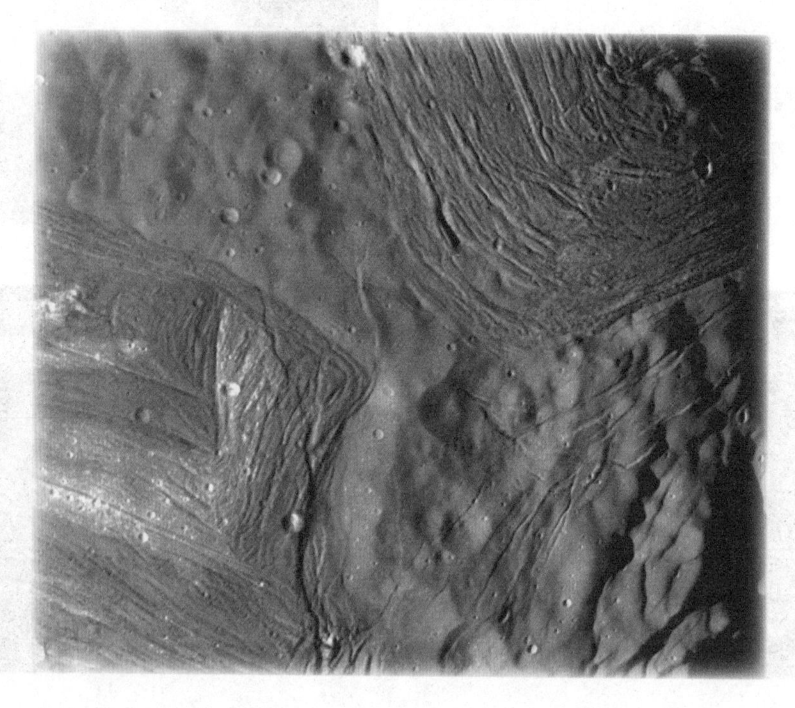

天王星的公转轨道是一个椭圆，轨道半径长为29亿千米，它以平均每秒6.81千米的速度绕太阳公转，公转一周要84年，自转周期则短得多，仅为15.5小时。在太阳系中，所有的行星基本上都遵循自转轴与公转轨道面接近垂直的运动，只有天王星例外，它的自转轴几乎与公转轨道面平行，赤道面与公转轨道面的交角达97度55分，也就是说它差不多是“躺”着绕太阳运动的。于是有些人把天王星称做“一个颠倒的行星世界”。

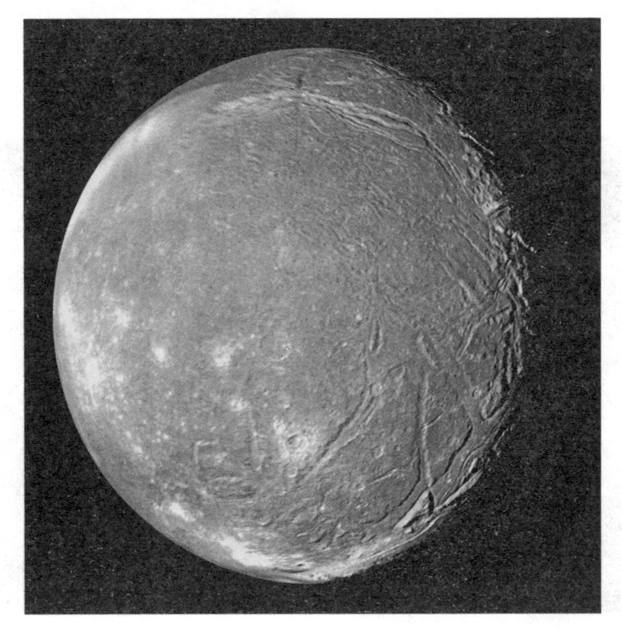

天王星上的昼夜交替和四季变化也十分奇特和复杂，太阳轮流照射着北极、赤道、南极、赤道。因此，天王星上大部分地区的每

一昼和每一夜，都要持续42年才能变换一次。太阳照到哪一极，哪一极就是夏季，太阳总不下落，没有黑夜；而背对着太阳的那一极，正处在漫长黑夜所笼罩的寒冷冬季之中。只有在天王星赤道附近的南北纬8度之间，才有因为自转周期而引起昼夜变化。

天王星和土星一样，也有美丽的光环，而且也是一个复杂的环系。它的光环由20条细环组成，每条环颜色各异，色彩斑斓，美丽异常。20世纪70年代的这一发现，打破了土星是太阳系唯一具有光环的行星这一传统认识。天王星有15颗卫星，几乎都在接近天王星的赤道面上，绕天王星转动。

◆ 海王星——神秘的淡蓝色

海王星是远日行星之一，按照同太阳的平均距离由近及远排列，为第八颗行星。它的亮度仅为7.85等，只有在天文望远镜里才能看到它。由于它那荧荧的淡蓝色光，西方人用罗马神话中的海神——“尼普顿”的名字来称呼它。在中文里，把它译为海王星。

海王星的赤道半径为24750千米，是地球赤道半径的3.88倍，海王星呈扁球形，它的体积是地球

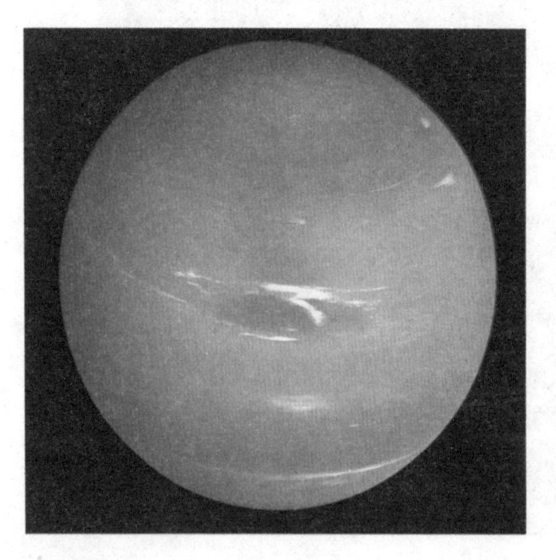

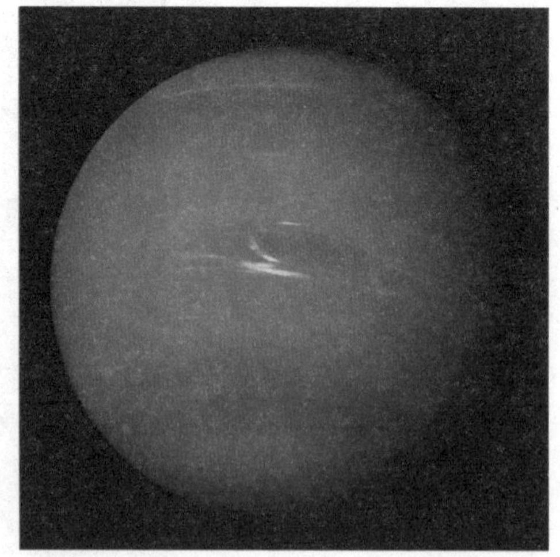

体积的57倍，质量是地球质量的17.22倍，平均密度为每立方厘米

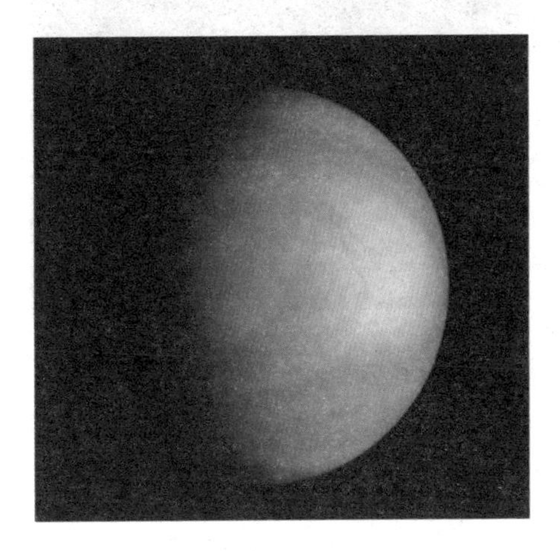

1.66克。海王星在太阳系中，仅比木星和土星小，是太阳系的第三大行星。

现在认为，海王星内部有一个质量和地球差不多的核，核是由岩石构成的，温度约为2000～3000摄氏度，核外面是质量较大的冰包层，再外面是浓密的大气层，大气中主要含有氢、甲烷和氨等气体。海王星是一个狂风呼啸、乱云飞渡的世界，在大气中有许多湍急紊乱的气旋在翻滚。

海王星的自转周期为22小时左右，它的赤道面和轨道面的交角是28度48分，海王星绕太阳公转的轨道很接近正圆形，轨道面和黄道面的夹角很小，只有1度8分，它以平均每秒5.43千米的速度公转，大约要164.8年才能绕太阳一周，从1846年发现到现在，它还没走完一个全程。

在海王星的四季中，冬季、夏季温差很小，不像地球这么显著。由于海王星离太阳太远（约为4.5亿千米，是地球与太阳距离的30倍），在它表面每单位面积受到的

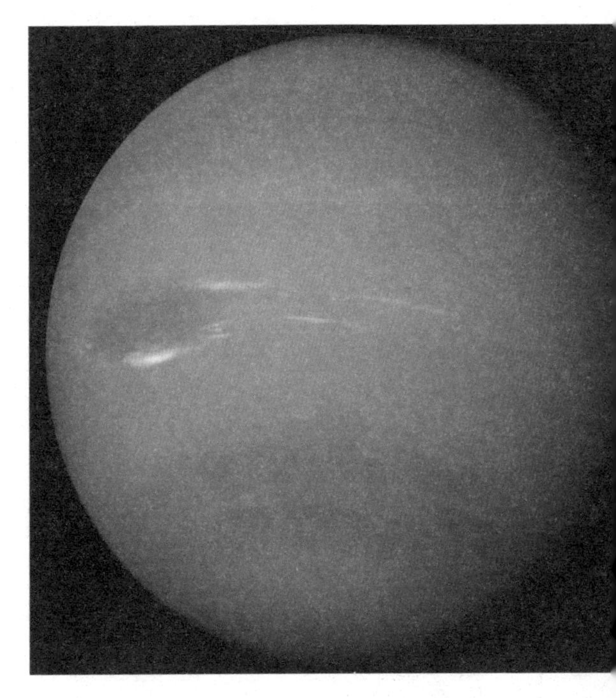

日光辐射只有地球上的1/900，日光强度仅仅相当于一个不到一米远的百瓦灯泡所发光线的强度，因此它表面温度很低，通常在零下200摄氏度以下。

到目前为止，已经发现海王星有8颗卫星。

◆ 彗 星

彗星归属于太阳系小天体，通常直径只有几千米，主要由具挥发性的冰组成。它们的轨道具有高离心率，近日点一般都在内行星轨道的内侧，而远日点在冥王星之外。当一颗彗星进入内太阳系后，与太

阳的接近会导致她冰冷表面的物质

升华和电离，产生彗发和拖曳出由气体和尘粒组成、肉眼就可以看见的彗尾。

短周期彗星是轨道周期短于200年的彗星，长周期彗星的轨周期可以长达数千年。短周期彗星，像是哈雷彗星，被认为是来自柯伊伯带。长周期彗星，像海尔·波普彗星，则被认为起源于奥尔特云。有许多群的彗星，像是克鲁兹族彗星，可能源自一个崩溃的母体。有些彗星有着双曲线轨道，则可能来自太阳系外，但要精确的测量这些轨道是很困难的。 挥发性物质被太阳的热驱散后的彗星经常会被归类为小行星。

阋神星

阋神星（平均距离68天文单位），又名齐娜，是已知最大的黄道离散天体，并且引发了什么是行星的辩论。他的直径至少比冥王星大15%，估计有2400千米，是已知的矮行星中最大的。阋神星有一颗卫星——阋卫一，其轨道也像冥王星一样有着很大的离心率，近日点的距离是38.2 天文单位（大约是冥王星与太阳的平均距离），远日点达到97.6天文单位，对黄道面的倾斜角度也很大。

2003年，美国加州技术研究所的科学家在太阳系的边缘发现了这颗行星，编号为2003UB313，命名为齐娜，直到2005年7月29日才向外界公布这个发现。据悉，各国天文学家于2006年8月24日的国际天文学联合会大会上否认其为大行星。

据介绍，齐娜的直径约2381千米，较太阳系边缘的矮行星冥王星还要大约124千米。而齐娜距离太阳144.8亿千米，这

个距离大约是冥王星和太阳间距离的三倍,也就是大约97.6个天文单位，一个天文单位指的太阳与地球之间的距离。齐娜绕行太阳一周，得花560年，它也是迄今为止人类所知道的太阳系中最远的星体，是“库伊伯尔星带”里亮度占第三位的星体。它比冥王星表面的温度低，约零下214摄氏度，是一个非常不适合居住的地方。

阋神星呈圆形，最大可能是冥王星的两倍。新发现的这颗星星的直径估计有2100英里，是冥王星的1.5倍。

阋神星与太阳系统的主平面保持着45度的夹角，大部分其它行星的轨道都在这个主平面里。

第三章
恒星与银河系探秘

当你了解了太阳家族之后，是否想过这样的问题：在宇宙间还有没有像太阳一样能自己发光发热的星球呢？有没有像太阳系一样的行星系统呢？太阳系又处于宇宙的什么位置上呢？

实际上，人们在夜空中看到的点点繁星，绝大多数都类似于太阳，只是它们的质量、化学组成和物理条件有所不同，但都是自己发光发热的星球，人们称之为恒星。大家比较熟悉的北斗七星、北极星、牛郎星和织女星等，都是恒星。宇宙间的恒星家族非常庞大。

由于恒星离人类都相当遥远，所以对恒星的观测和研究比对太阳系内的天体研究要困难得多。但是，经过天文学家们一代代人前仆后继的努力，对恒星的结构、物理特性、化学成分、演化过程、运动规律和空间分布等，有了较为完整的认识。当代对恒星世界的探索和研究，已取得了举世瞩目的成就。在众多的恒星大家族中分别表现出高温、高压、超密态、强磁场和强辐射等许多极端的物理特性，在地球上都是不可想象的。因此，近年来对恒星世界的研究非常活跃，恒星世界成为一个巨大的物理实验室。认识恒星不仅有助于了解深远的宇宙空间，还有助于了解太阳和促进物理学的研究。

如果说银河系是一个巨大的“恒星岛”，那么宇宙间是否仅此一个“孤岛”呢？不是。在浩瀚的宇宙空间，像银河系一样的星岛，叫河外星系，简称星系。目前，已发现约10亿个河外星系。本章将为大家介绍恒星、银河系及银河系以外的河外星系，希望读者通过这一章对宇宙内的星系有更深的了解。

恒 星

在地球上遥望夜空，宇宙是恒星的世界。

恒星在宇宙中的分布是不均匀

的。从诞生的那天起，它们就聚集成群，交映成辉，组成双星、星团、星系……

恒星是在熊熊燃烧着的星球。一般来说，恒星的体积和质量都比较大。只是由于距离地球太遥远的缘故，星光才显得微弱。

古代的天文学家认为恒星在星空的位置是固定的，所以给它起名“恒星”，意思是“永恒不变的星”。可是现在人们知道它们在不停地高速运动着，比如太阳就带着整个太阳系在绕银河系的中心运动。但别的恒星离人类实在太远了，以至难以觉察到它们位置的变动。

恒星发光的能力有强有弱，天文学上用“光度”来表示它。所谓“光度”，就是指从恒星表面以光的形式辐射出的功率。恒星表面的温度也有高有低。一般说来，恒星表面的温度越低，它的光越偏红；温度越高，光则越偏蓝。而表面温度越高，表面积越大，光度就越大。从恒星的颜色和光度，科学家们能得到许多有用信息。

历史上，天文学家赫茨普龙和哲学家罗素首先提出恒星分类与颜色和光度间的关系，建立了被称为“赫–罗图”的恒星演化关系，揭示了恒星演化的秘密。“赫–罗图”中，从左上方的高温和强光度区到右下的低温和弱光区是一个狭窄的恒星密集区，太阳也在其中；这一序列被称为主星序，90%以上的恒星都集中于主星序内。在主星序区之上是巨星和超巨星区；左下为白矮星区。

恒星诞生于太空中的星际尘埃（科学家形象地称之为“星云”或者“星际云”）。

恒星的“青年时代”是一生中最长的黄金阶段——主星序阶段，这一阶段占据了它整个寿命的90%。在这段时间，恒星以几乎不变的恒定光度发光发热，照亮周围的宇宙空间。

在此以后，恒星将变得动荡不安，变成一颗红巨星。然后，红巨星将在爆发中完成它的全部使命，把自己的大部分物质抛射回太空中，留下的残骸，也许是白矮星，也许是中子星，甚至黑洞。

绚丽的繁星，将永远是夜空中最美丽的一道景致。

◆ 星　等

恒星的亮度差别很大。事实上，绝大多数恒星，由于太暗，人类的肉眼看不到。仅仅在银河系中，就有多达以千亿计的恒星。为了表示恒星的亮度，在公元前2世纪，希腊天文学家依巴谷就把肉眼能见的星星分成6个等级，最亮的星为1等，最暗的星为6等。19世纪，这种星等划分在数学上被严格化，即确定1等星比6等星亮100倍。同时，利用这一数学关系，把比1等星更亮的天体定为0等、–1等，而把比六等星更暗的天体定为7等、8等……例如，太阳的星等为–27等，满月时的月球星等为–13等。现在，天文学家用集光能力最大的天文望远镜观测到的最暗的天

体，已经暗于25等，它们比一支离开观测者63千米的蜡烛光还暗。

◆ 距　离

恒星的星等相差很大，这里面固然有恒星本身发光强弱的原因，但是离开人类距离的远近也起着显著的作用。较近恒星离开人类的距离可以用三角方法来测量，在16世纪哥白尼公布了他的“日心说”以后，许多天文学家试图测定恒星的距离，但都由于它们的数值很小以及当时的观测精度不高而没有成功。直到19世纪30年代后半期才取得成功。照相术在天文学中的应用使恒星距离的观测方法变得简便，而且精度也大大提高。自20世纪20年代以后，许多天文学家开展这方面的工作，到20世纪90年代初，已有8000多颗恒星的距离被用照相方法测定。在20世纪90年代中期，依靠“依巴谷”卫星进行的空间天体测量获得成功，在大约三年的时间里，以非常高的准确度测定了10万颗恒星的距离。

恒星的距离，若用千米表示，数字实在太大，为使用方便，通常采用光年作为单位。1光年是光在一年中通过的距离。真空中的光速是每秒30万千米，乘一年的秒数，得到1光年约等于10万亿千米。离开人类最近的恒星是半人马星座的南门二星，距离为4.3光年。

◆ 物理特征

恒星的大小相差非常大。以直径相比，由太阳的几百甚至一、二千倍直到不及太阳的十分之一。一些死亡的恒星更小，只有地球般大小，甚至只有几十千米的直径。相对来说，恒星的质量差距要小得多，由太阳质量的120倍或更大一些，直到约0.1倍太阳质量。由此可知，大直径的恒星与小直径的恒星物质平均密度相差很大。

恒星的颜色，对于一些较亮的恒星，很容易分辨，有的偏红，有的偏蓝。较暗的恒星颜色差别一样存在，只是人类的眼睛不易分辨。恒星不同的颜色，表明了不同的表面温度。蓝色的恒星，表面温度高，可达3～4万摄氏度，而红色的恒星，表面温度要相对低很多，只有2～3千摄氏度。

恒星的发光强度，称为光度，也有很大差别。与太阳相比，光度最大的恒星，可达太阳光度的1百万倍；而光度最小的恒星，约只有太阳光度的一百万分之一。在天文学中，把光度大的恒星，称为巨星；光度小的恒星，称为矮星。光度比通常的巨星还要大的恒星，则称为超巨星。

比如织女星，它的星等为0，距离26光年，颜色为淡蓝白色，表面温度约1万摄氏度，质量是太阳的3倍多，半径是太阳的2.6倍，平均密度只有太阳的0.19倍，光度是太阳的40倍。

◆ 运　动

世间万物无不都在运动，恒星也一样。由于不同恒星运动的速度和方向不一样，它们在天空中相互间的相对位置就会发生变化，这

种变化称为恒星的自行。全天恒星之中，包括那些肉眼看不见的很暗的恒星在内，自行最快的是巴纳德星，达到每年10.31角秒（1角秒是圆周上1度的3600分之一）。一般的恒星，自行要小得多，绝大多数小于1角秒。

恒星自行的大小并不能反映恒星真实运动速度的大小。同样的运动速度，距离远就看上去很慢，而距离近则看上去很快。巴纳德星离开人类很近，不到6光年，所以真实的运动速度不过每秒88千米。

恒星的自行只反映了恒星在垂直于人们视线方向的运动，称为切向速度。恒星在沿人们视线方向也在运动，这一运动速度称为视向速度。巴纳德星的视向速度是每秒负108千米。其中，负的视向速度表示向人类接近，而正的视向速度表示离人类而去。恒星在空间有的速度，应是切向速度和视向速度的合成速度，对于巴纳德星，等于每秒139千米。

上述恒星的空间运动，由三个部分组成。第一是恒星绕银河系中心的圆周运动，这是银河系自转的反映。第二是太阳参与银河系自转运动的反映。在扣除这两种运动的反映之后，才真正是恒星本身的运动，称为恒星的本动。

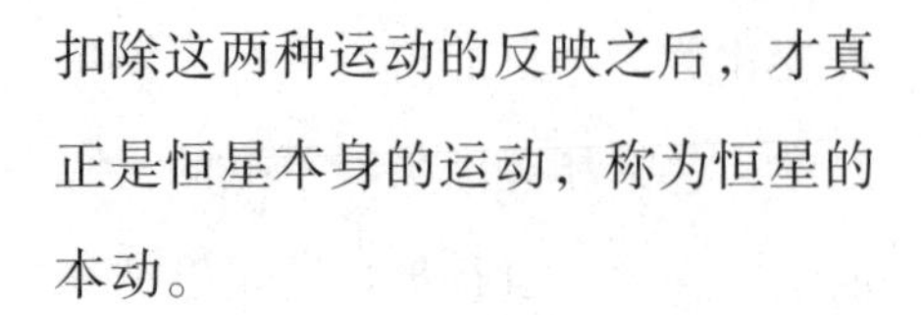

◆ 质　量

船底座η是已知质量最大的恒星之一，约为太阳的100～150倍，所以其寿命很短，最多只有数百万年。依据对圆拱星团的研究，认为现在的宇宙应该存在质量是太阳150倍的大质量恒星，但在实际上却未能寻获。虽然这个极限的原因仍不清楚，但爱丁顿光度给了部分答案，因为它定义了恒星在不抛出外层大气层下所能发射至空间的最大光度。

在大爆炸后最早诞生的那一批恒星质量必然很大，或许能达到太阳的300倍甚至更大，由于在它们的成分中完全没有比锂更重的元素，这一代超大质量的恒星应该已经灭绝，第三星族星目前只存在于理论中。

剑鱼座质量只有木星的93倍，

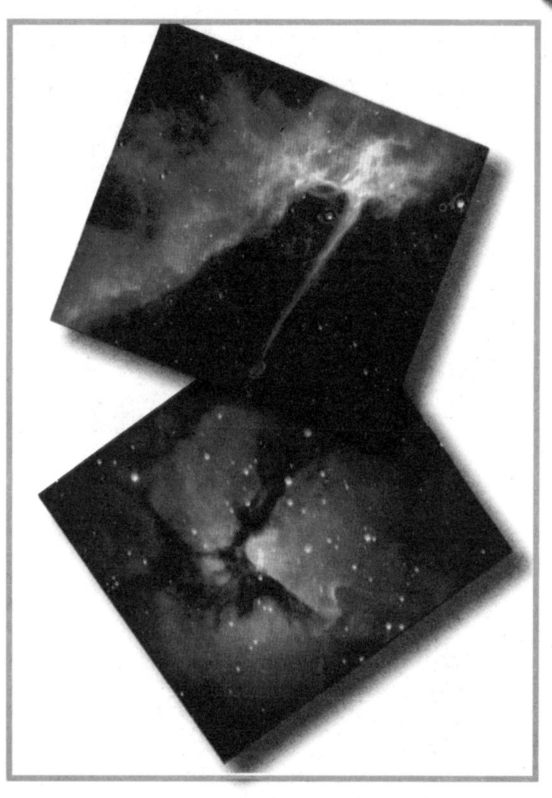

是已知质量最小，但核心仍能进行核聚变的恒星。金属量与太阳相似的恒星，理论上仍能进行核聚变反应的最低质量估计质量大约是木星质量的75倍。当金属量很低时，依目前对最暗淡恒星的研究，发现尺寸最小的恒星质量似乎只有太阳的8.3%，或是木星质量的87倍。再小的恒星就是介乎于恒星与气体巨星之间的灰色地带，没有明确定义的棕矮星。

结合恒星的半径和质量可以确定恒星表面的引力，巨星表面的引力比主序星低了许多，像是白矮星，表面引力则更为强大。表面引力也会影响恒星的光谱，越高的引力所造成吸收谱线的变宽越明显。

◆ 结　构

根据实际观测和光谱分析，人们可以了解恒星大气的基本结构。一般认为在一部分恒星中，最外层有一个类似日冕状的高温低密度星冕。它常常与星风有关。有的恒星已在星冕内发现有产生某些发射线的色球层，其内层大气吸收更内层高温气体的连续辐射而形成吸收线。人们有时把这层大气叫作反变层，而把发射连续谱的高温层叫作光球。其实，形成恒星光辐射的过程说明，光球这一层相当厚，其中各个分层均有发射和吸收。光球与反变层不能截然分开。太阳型恒星的光球内，有一个平均约十分之一半径或更厚的对流层。在上主星序恒星和下主星序恒星的内部，对流层的位置很不相同。能量传输在光球层内以辐射为主，在对流层内则以对流为主。

对于光球和对流层，人们常常利用根据实际测得的物理特性和化学组成建立起来的模型进行较详细的研究。人们可以从流体静力学平衡和热力学平衡的基本假设出发，建立起若干关系式，用以求解星体不同区域的压力、温度、密度、不透明度、产能率和化学组成等。在恒星的中心，温度可以高达数百万度乃至数亿度，具体情况视恒星的基本参量和演化阶段而定。在那里，进行着不同的产能反应。一般认为恒星是由星云凝缩而成，主星序以前的恒星因温度不够高，不能发生热核反应，只能靠引力收缩来产能。进入主星序之后，中心温度高达700万度以上，开始发生氢聚变成氦的热核反应。这个过程很长，是恒星生命中最长的阶段。氢燃烧完毕后，恒星内部收缩，外部膨胀，演变成表面温度低而体积庞大的红巨星，并有可能发生脉动。那些内部温度上升到近亿度的恒星，开始发生氦碳循环。在这些演化过程中，恒星的温度和光度按一定规律变化，从而在赫罗图上形成一定的径迹。最后，一部分恒星发生超新星爆炸，气壳飞走，核心压缩成中子星一类的致密星而趋于“死亡”。

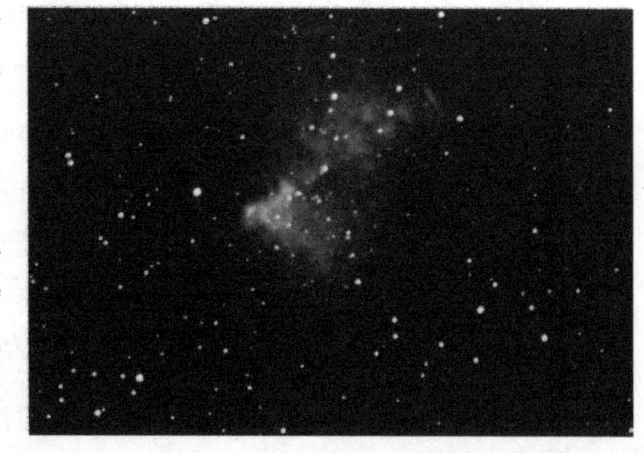

死亡的恒星

1844年，德国天文学家贝塞耳在对全天最亮的恒星天狼星进行测量时，发现它的移动路径是波浪形的。他推断天狼星必定有一颗伴星。1862年，美国人克拉克用他自制的、当时最大的天文望远镜看到了这颗伴星。于是，把原来的天狼星称为天狼A，而把这颗伴星称为天狼B。

天狼B的光度只有天狼A的万分之一，但是表面温度却达到26000摄氏度。观测计算表明，它的质量跟太阳差不多，体积却只有地球的一半。因此，它的平均物质密度，达每立方厘米3.8吨！后来，就把这种由超密物质组成的恒星叫做白矮星。

白矮星内部的核反应已经停止，所以实际上是死亡的恒星。它们在银河系内并不罕见。由于失去了核反应的巨大能量产生的辐射压力，其中的物质在内部引力作用下进一步收缩，依靠引力能转化为热能而继续发光。在白矮星内部的物质，原子外层的电子被剥离为自由电子，原子核之间的距离大为缩小，所以可以达到极高的密度。

质量比太阳更大的恒星，在死亡后，物质之间的引力更大，其致密的程度，可使原子中外层的电子和核内的质子发生反应，变成中子。因为中子不带电荷，相互之间距离更加缩小，成为中子星。中子星的大小只有几十千米，其中物质的密度可达每立方厘米1亿吨！

银河系

◆ 简 介

太阳系所在的恒星系统，包括

一二千亿颗恒星和大量的星团、星云，还有各种类型的星际气体和星际尘埃。它的总质量是太阳质量的1400亿倍。在银河系里大多数的恒星集中在一个扁球状的空间范围内，扁球的形状好像铁饼。扁球体中间突出的部分叫“核球”，半径约为7千光年。核球的中部叫“银核”，四周叫“银盘”。在银盘外面有一个更大的球形，那里星少，密度小，称为“银晕”，直径为7万光年。银河系是一个旋涡星系，具有旋涡结构，即有一个银心和两个旋臂，旋臂相距4500光年。其各部分的旋转速度和周期，因距银心的远近而不同。太阳距银心约2.3万光年，以250千米/秒的速度绕银心运转，运转的周期约为2.5亿年。

史匹哲太空望远镜拍摄的银河系中心图象科学家可以在射电、红外、X射线和γ射线的波段，记录并研究银核区发出的辐射。特别是红外辐射和X射线中的强发射，表明存在着高速运动的电离气体云。现在一般认为，这种气体云在环绕一个大质量天体运转，很可能是一个质量约为400万个太阳质量的黑洞。科学家已确认，中央核球的主要成分是一些老年恒星和老年星团。旋臂的成分则是完全不同的另一类天体。旋臂中的天体属于十分年轻的亮星和疏散星团。此外，在旋臂区域内是星际气体和尘埃粒子的最高度集聚区，所以那里也是新的恒星形成的最适合的所在。太阳位于这些旋臂中的一条，即猎户臂的内侧边缘附近，距银河系中心约为银河系半径的三分之二距离处。银核位于人马座天区方向，和太阳的距离约为23000光年。银盘的上和下为一球形区域（称为球状成分），其中充斥着球状星团和其他年龄很大的天体。例如贫重元素

的矮星。银河系的外围一直到可见的边缘，为一个巨大的大质量银晕。它的成分、形状和延伸大小尚不十分清楚。整体银河系统绕银心自转，但不同组成部分的天体并不以相同的速度公转。距银心远的天体比距银心近的天体速度慢。距银心相当远的太阳以一个近似圆形公转轨道绕银心的运动，速度估计为225千米/秒，

因为太阳的公转速度较慢。

地球所在的太阳系处于银河系中，在地球上看银河会发现横跨星

空的一条乳白色亮带，这就是银河系主体在天球上的投影。中国古代又称为银汉。在北半天，银河从天鹰座先向西北，经过天箭座、狐狸座、天鹅座、仙王座、仙后座，再折向东南，穿过英仙座、御夫座、金牛座、双子座、猎户座、纵贯天球赤道上的麒麟座，进入南半天的大犬座、船尾座、船帆座，又折向西北，横过船底座、南十字座、半人马座、圆规座、矩尺座、天蝎座、人马座和盾牌座。银河经过23个星座，周天一圈后又回到天鹰座。用望远镜观察，可以看见银河是由为数众多的恒星和星云组成的。星云有亮有暗。亮星云密集处使银河增亮，例如，盾牌座、人马座一带的亮区。暗星云则表现为银河上的暗区，例如，天鹰座以南的“大分叉”和南十字座附近的“煤袋”。银河在星空勾画出轮廓不很规则、宽窄不很一致的带，叫作银道带。银道带最宽处达30度，最窄处也超过10度。

◆ 发现历程

银河系是地球和太阳所属的星系。因其主体部分投影在天球上的亮带被中国称为银河而得名。银河系约有2000多亿个恒星。银河系

侧看像一个中心略鼓的大圆盘，整个圆盘的直径约为10万光年，太阳位于据银河中心3.3万光年处。鼓起处为银心是恒星密集区，故望去是白茫茫的一片。银河系俯视像一个巨大的漩涡，这个漩涡有四个宣臂组成。太阳系位于其中一个旋臂（猎户座臂），逆时针旋转。

银河系呈旋涡状，有4条螺旋状的旋臂从银河系中心均匀对称地延伸出来。银河系中心和4条旋臂都是恒星密集的地方。从远处看，银河系像一个体育锻炼用的大铁饼，大铁饼的直径有10万光年，相当于9 460 800 000万万千米。中间最厚的部分约3000～6500光年。太阳位于一条叫做猎户臂的旋臂上，距离银河系中心约3.3万光年。

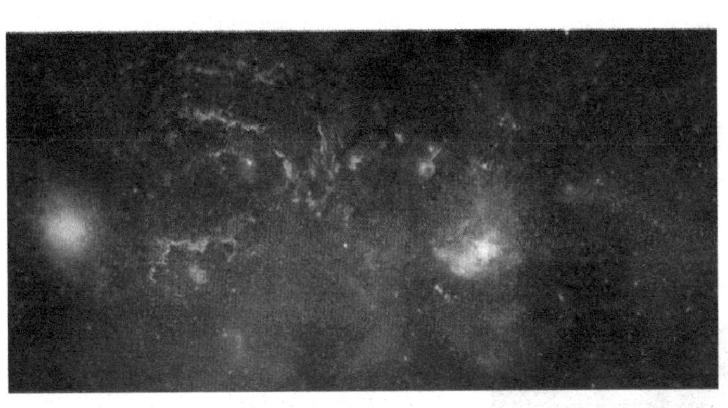

银河系的发现经历了漫长的过程。望远镜发明后，伽利略首先用望远镜观测银河，发现银河由恒星组成。而后，T.赖特、I.康德、J.H.朗伯等认为，银河和全部恒星可能集合成一个巨大的恒星系统。18世纪后期，F.W.赫歇尔用自制的反射望远镜开始恒星计数的观测，以确定恒星系统的结构和大小，他断言恒星系统呈扁盘状，太阳离盘中心不远。他去世后，其子J.F.赫歇尔继承父业，继续进行深入研究，把恒星计数的工作扩展到南天。

20世纪初，天文学家把以银河为表观现象的恒星系统称为银河系。J.C.卡普坦应用统计视差的方法测定恒星的平均距离，结合恒星计数，得出了一个银河系模型。

在这个模型里，太阳居中，银河系呈圆盘状，直径8千秒差距，厚2千秒差距。H.沙普利应用造父变星的周光关系，测定球状星团的距离，从球状星团的分布来研究银河系的结构和大小。他提出的模型是：银河系是一个透镜状的恒星系统，太阳不在中心。沙普利得出银河系直径80千秒差距，太阳离银心20千秒差距。这些数值太大，因为沙普利在计算距离时未计入星际消光。20世纪20年代，银河系自转被发现以后，沙普利的银河系模型得到公认。

银河系是一个巨型旋涡星系，SB型，共有4条旋臂，包含一、二千亿颗恒星。银河系整体作较差自转，太阳处自转速度约220千米/秒，太阳绕银心运转一周约2.5亿年。银河系的目视绝对星等为–20.5等，银河系的总质量大约是太阳质量的1万亿倍，大致10倍于银河系全部恒星质量的总和。这是银河系中存在范围远远超出明亮恒星盘的暗物质的强有力证据。关于银河系的年龄，目前占主流的观点认为，银河系在宇宙诞生的大爆炸之后不久就诞生了，用这种方法计算出银河系的年龄大概在145亿岁左右，上下误差各有20多亿年。天文界认为宇宙诞生的“大爆炸”大约发生200亿年前。

◆ 结 构

银河系物质的主要部分组成一个薄薄的圆盘，叫做银盘，银盘中心隆起的近似于球形的部分叫核球。在核球区域恒星高度密集，其中心有一个很小的致密区，称银核。银盘外面是一个范围更大、近于球状分布的系统，其中物质密度比银盘中低得多，叫作银晕。银晕外面还有银冕，它的物质分布大致也呈球形。

银河的盘面估计直径为100 000光年，太阳至银河中心的距离大约是26000光年，盘面在中心向外凸起。银河的中心有巨大的质量和紧密的结构，因此怀疑它有超重质量

从20世纪80年代开始，天文学家才怀疑银河是一个棒旋星系而不是一个普通的螺旋星系。2005年，斯必泽空间望远镜证实了这项怀疑，还确认了在银河的核心的棒状结构与预期的还大。

2005年，银河系被发现以哈柏分类来区分应该是一个巨大的棒旋星系SBC（旋臂宽松的棒旋星系），总质量大约是太阳质量的6000亿至30000亿倍，大约有1000亿颗恒星。

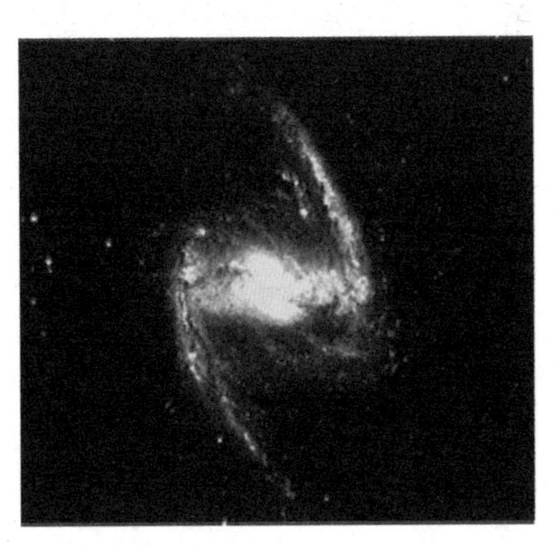

的黑洞，因为已经有许多星系被相信有超重质量的黑洞在核心。就像许多典型的星系一样，环绕银河

系中心的天体，在轨道上的速度并不由与中心的距离和银河质量的分布来决定。在离开了核心凸起或是在外围，恒星的典型速度是每秒钟210～240千米之间。因此这些恒星绕行银河的周期只与轨道的长度有关，这与太阳系不同，在太阳系，距离不同就有不同的轨道速度对应着。

银河的棒状结构长约27000光年，以44±10度的角度横亘在太阳与银河中心之间，他主要由红色的恒星组成，相信都是年老的恒星。被观察到与推论的银河旋臂结构每一条旋臂都给予一个数字对应，大约可以分出12段。

银河的盘面被一个球状的银晕包围着，估计直径在250 000至400 000光年。由于盘面上的气体和尘埃会吸收部份波长的电磁波，所以银晕的组成结构还不清楚。盘面（特别是旋臂）是恒星诞生的活耀

区域，但是银晕中没有这些活动，疏散星团也主要出现在盘面上。

银河中大部分的质量是暗物质，形成的暗银晕估计有6000亿至3兆个太阳质量，以银河为中心被聚集着。

新的发现使人们对银河结构与

维度的认识有所增加，比早先经由仙女座星系的盘面所获得的更多。最近新发现的证据，证实外环是由天鹅臂延伸出去的，明确地支持了银河盘面向外延伸的可能性。人马座矮椭球星系的发现，与在环绕着银极的轨道上的星系碎片，说明了它因为与银河的交互作用而被扯碎。同样的，大犬座矮星系也因为与银河的交互作用，使得残骸在盘面上环绕着银河。

在2006年1月9日，Mario Juric和普林斯顿大学的一些人宣布，史

隆数位巡天在北半球的天空中发现一片巨大的云气结构（横跨约5000个满月大小的区域）位在银河之内，但似乎不合于目前所有的银河模型。他将一些恒星汇聚在垂直于旋臂所在盘面的垂在线，可能的解释是小的矮星系与银河合并的结果。这个结构位于室女座的方向

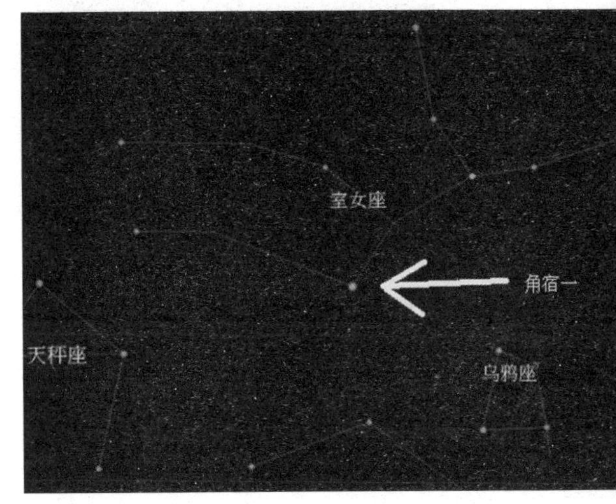

上，距离约30000光年，暂时被称为室女恒星喷流。

在2006年5月9日，Daniel Zucker和Vasily Belokurov宣布史隆数位巡天在猎犬座和牧夫座又发现了两个矮星系。

（1）银盘

银盘在旋涡星系中，由恒星、尘埃和气体组成的扁平盘。

银河系的物质密集部分组成一个圆盘，称为银盘。银盘中心隆

起的球状部分称核球。核球中心有一个很小的致密区，称银核。银盘外面范围更大、近于球状分布的系统，称为银晕，其中的物质密度比银盘的低得多。银晕外面还有物质密度更低的部分，称银冕，也大致呈球形。银盘直径约25千秒差距，厚1～2秒差距，自中心向边缘逐渐变薄，太阳位于银盘内，离银心约8.5千秒差距，在银道面以北约8秒差距处。银盘内有旋臂，这是气体、尘埃和年轻恒星集中的地方。银盘主要由星族Ⅰ天体组成，如G～K型主序星、巨星、新星、行星状星云、天琴RR变星、长周

期变星、半规则变星等。核球是银河系中心恒星密集的区域，近似于球形，直径约4千秒差距，结构复杂。核球主要由星族Ⅱ天体组成，也有少量星族Ⅰ天体。核球的中心部分是银核，它发出很强的射电、红外、X射线和γ射线。其性质尚不清楚，可能包含一个黑洞。银晕主要由晕星族天体，如亚矮星、贫金属星、球状星团等组成，没有年轻的O、B型星，有少量气体。银晕中物质密度远低于银盘。银晕

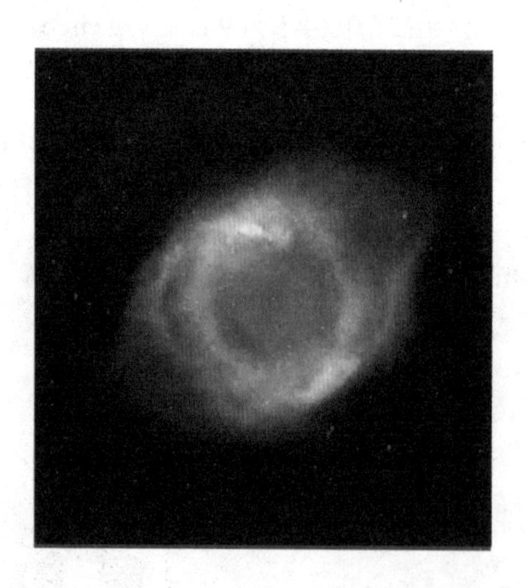

长轴直径约30千秒差距，年龄约1010年，质量还不清楚。在银晕的恒星分布区以外的银冕是一个大致呈球形的射电辐射区，其性质了解得甚少。

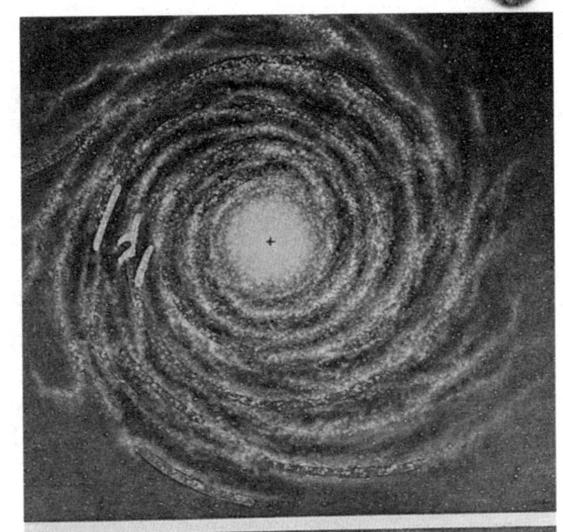

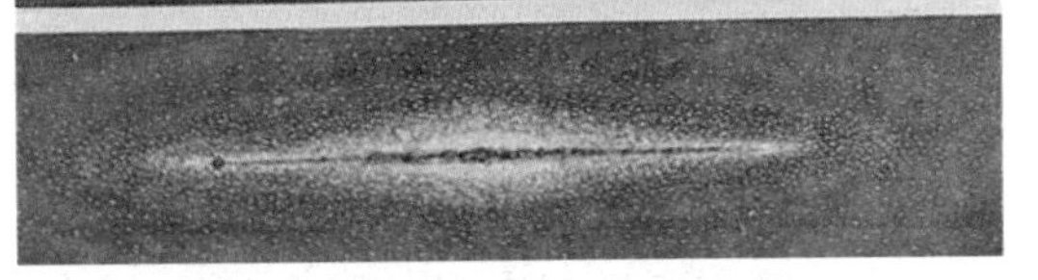

1785年，F.W.赫歇尔第一个研究了银河系结构。他用恒星计数方法得出银河系恒星分布为扁盘状、太阳位于盘面中心的结论。1918年，H.沙普利研究球状星团的空间分布，建立了银河系透镜形模型，太阳不在中心。到了20世纪20年代，沙普利模型得到公认。但由于未计入星际消光，沙普利模型的数值不准确。研究银河系结构传统上是用光学方法，但光学方法有一定的局限性。近几十年来发展起来的射电方法和红外技术成为研究银河系结构的强有力的工具。在沙普利模型的基础上，对银河系的结构已有了较深刻的了解。

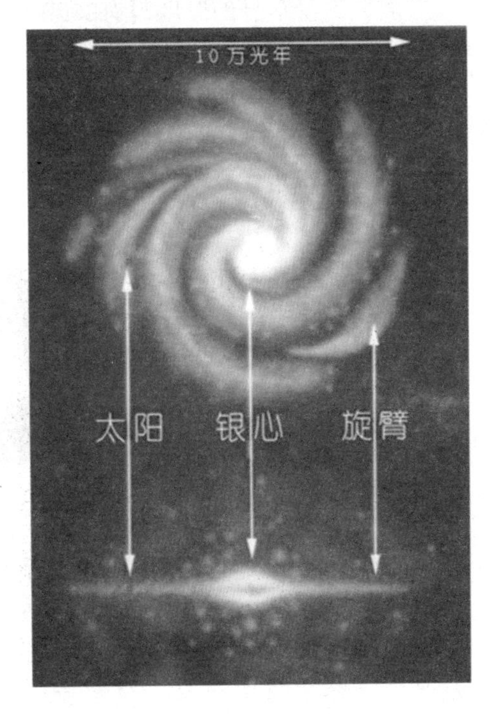

银盘是银河系的主要组成部分，在银河系中可探测到的物质中，有九成都在银盘范围以内。银

盘外形如薄透镜，以轴对称形式分布于银心周围，其中心厚度约1万光年，不过这是微微凸起的核球的厚度，银盘本身的厚度只有2000光年，直径近10万光年，可见总体上说银盘非常薄。

除了1000秒差距范围内的银核绕银心作刚体转动外，银盘的其他部分都绕银心作较差转动，即离银心越远转得越慢。银盘中的物质主要以恒星形式存在，占银河系总质量不到10%的星际物质，绝大部分也散布在银盘内。星际物质中，除含有电离氢、分子氢及多种星际分子外，还有10%的星际尘埃，这些直径在1微米左右的固态微粒是造成星际消光的主要原因，它们大都集中在银道面附近。

由于太阳位于银盘内，所以人们不容易认识银盘的起初面貌。为了探明银盘的结构，根据20世纪40年代巴德和梅奥尔对旋涡星系M31（仙女座大星云）旋臂的研究得出旋臂天体的主要类型，进而在银河系内普查这几类天体，发现了太阳附近的三段平行臂。由于星际消光作用，光学观测无法得出银盘的总体面貌。有证据表明，旋臂是星际气体集结的场所，因而对星际气体

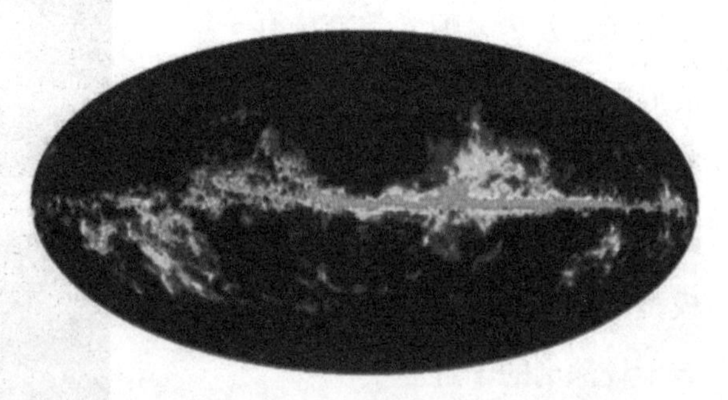

的探测就能显示出旋臂结构，而星际气体的21厘米射电谱线不受星际尘埃阻挡，几乎可达整个银河系。

光学与射电观测结果都表明，银盘确实具有旋涡结构。

（2）银心

银心是星系的中心凸出部分，是一个很亮的球状，直径约为两万光年，厚一万光年，这个区域由高密度的恒星组成，主要是年龄大约在一百亿年以上老年的红色恒星，很多证据表明，在中心区域存在着一个巨大的黑洞，星系核的活动十分剧烈。银河系的中心，即银河系的自转轴与银道面的交点。

银心在人马座方向，除作为一

个几何点外，它的另一含义是指银河系的中心区域。太阳距银心约10千秒差距，位于银道面以北约8秒差距。银心与太阳系之间充斥著大量的星际尘埃，所以在北半球用光学望远镜难以在可见光波段看到银心。射电天文和红外观测技术兴起以后，人们才能透过星际尘埃，在2微米到73厘米波段，探测到银心的信息。中性氢21厘米谱线的观

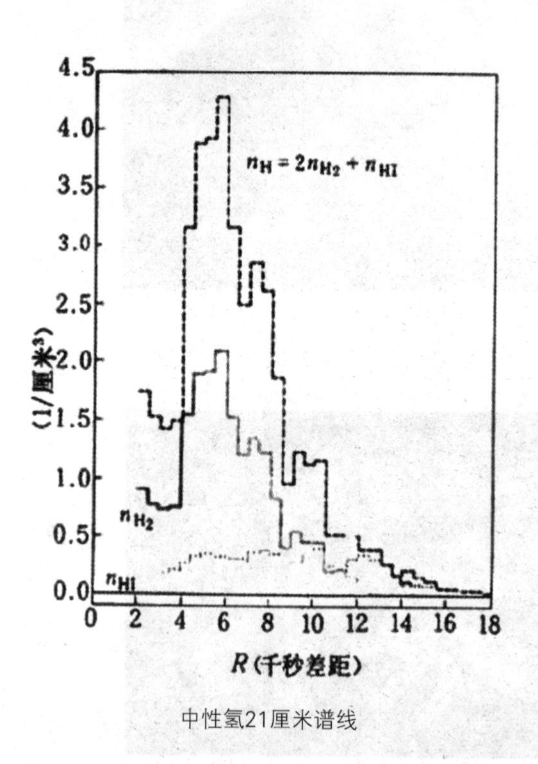

中性氢21厘米谱线

测揭示。在距银心4千秒差距处有氢流膨胀臂，即所谓“三千秒差距臂”。大约有1000万个太阳质量的中性氢，以每秒53千米的速度涌向太阳系方向。在银心另一侧，有大体同等质量的中性氢膨胀臂，以每秒135千米的速度离银心而去。它们应是1000万至1500万年前，以不对称方式从银心抛射出来的。在距银心300秒差距的天区内，有一个绕银心快速旋转的氢气盘，以每秒70～140千米的速度向外膨胀。盘内有平均直径为30秒差距的氢分子云。

在距银心70秒差距处，则有激烈扰动的电离氢区，也以高速向外扩张。现已得知，不仅大量气体从银心外涌，而且银心处还有一强射电源，即人马座A，它发出强烈的同步加速辐射。甚长基线干涉仪的探测表明，银心射电源的中心区很小，甚至小于10个天文单位，即不大于木星绕太阳的轨道。12.8微米的红外观测资料指出，直径为1秒差距的银核所拥有的质量，相当于几百万个太阳质量，其中约有100万个太阳质量是以恒星形式出现的。流入致密核心吸积盘的相对

论性电子，在强磁场中加速，于是产生同步加速辐射。银心气体的运动状态、银心强射电源以及有强烈核心活动的特殊星系（如塞佛特星系）的存在，使人们认为：在星

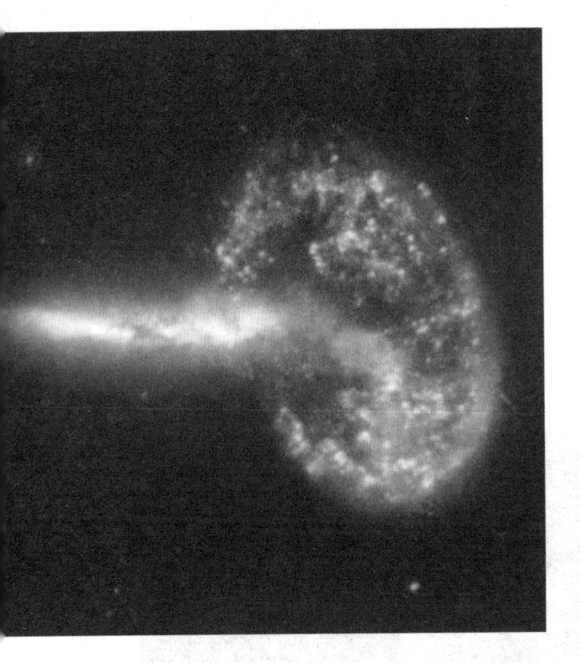

系包括银河系的演化史上，曾有过核心激扰活动，这种活动至今尚未停息。

（3）银晕

银河晕轮弥散在银盘周围的一个球形区域内，银晕直径约为98000光年，这里恒星的密度很低，分布着一些由老年恒星组成的球状星团，有人认为，在银晕外面还存在着一个巨大的呈球状的射电辐射区，称为银冕，银冕至少延伸到距银心100千秒差距或32万光年远。

银河系是一个透镜形的系统，直径约为25千秒差距，厚约为1～2千秒差距，它的主体称为银盘。高光度星、银河星团和银河星云组

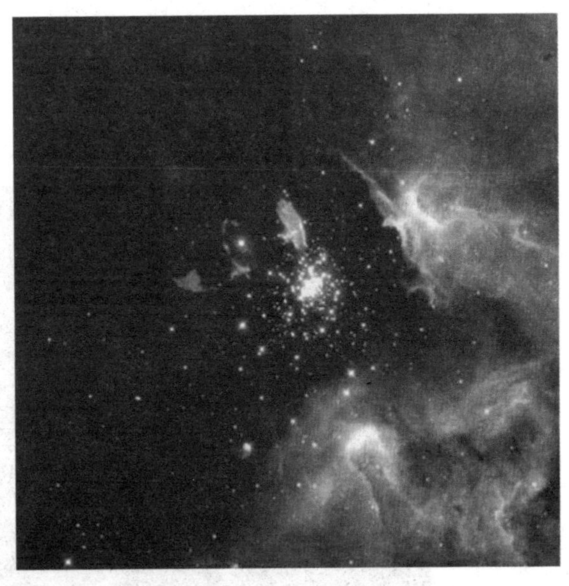

成旋涡结构迭加在银盘上。银河系中心为一大质量核球，长轴长4～5千秒差距，厚4千秒差距。银河系为直径约30千秒差距的银晕

银河系整体作较差自转。太阳在银道面以北约8秒差距处距银心约10千秒差距，以每秒250千米速度绕银心运转，2.5亿年转一周。太阳附近物质（恒星和星际物质）的总密度约为0.13太阳质量/秒差距3或8.8×1024克/立方厘米。银河系是一个SB或Sc型旋涡星系，为本星系群中除仙女星系外最大的巨星系。

笼罩。银晕中最亮的成员是球状星团，银河系的质量为1.4×1011太阳质量，其中恒星约占90%，气体和尘埃组成的星际物质约占10%。

（4）银河宇宙线

银河宇宙线是指来自银河系的高能粒子，这些粒子在进入地球

磁场控制的区域之前称为初始宇宙线。通常初始宇宙线的强度变化很小，只在太阳活动非常剧烈的时候，太阳风暴经过的区域银河宇宙线的强度才会出现大幅度的下降。从长时间看，银河宇宙线强度受太阳活动的影响有5年左右和11年左右的周期。在太阳活动高年，银河宇宙线的强度最低，在太阳活动低年，银河宇宙线的强度最高，即太阳活动的周期与银河宇宙线强度的周期几乎是反相的。

银河宇宙线的化学组成与太阳的化学组成非常相似。但例外的是轻元素（Li、Be、B）和周期表中在Fe（铁）以前的元素丰度特别高，这是银河宇宙线中的元素（C、N、O）和Fe与星际气体相互作用，发生核反应的结果。银河宇宙线中C、N、O、Mg、Si、Fe的同位素丰度与太阳系中的丰度是

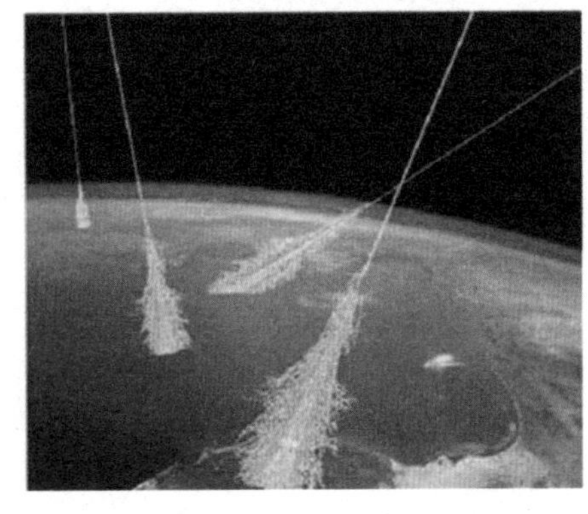

一致的。

银河宇宙线能量超过1010电子伏的宇宙线，绝大部分起源于银河系。在中、低纬度地面观测到的宇宙线，主要也是银河宇宙线及其与大气相互作用产生的次级宇宙线。

◆ 特　征

银河系是一个中间厚，边缘薄

的扁平盘状体。他的主要部分称为银盘，是一个漩涡状。它的总质量约有太阳的1万亿倍，直径约为10万光年，中央厚约1万光年，边缘厚约3000～6000光年。太阳约处于与银河系中心距离约27700光年的位置。

银河系是太阳系所在的恒星系统，包括一、二千亿颗恒星和大量的星团、星云，还有各种类型的星际气体和星际尘埃。它的总质量是太阳质量的1400亿倍。在银河系里大多数的恒星集中在一个扁球状的空间范围内，扁球的形状好像铁饼。扁球体中间突出的部分叫“核球”，半径约为7千光年。核球的中部叫“银核”，四周叫“银盘”。在银盘外面有一个更大的球形，那里星少，密度小，称为“银晕”，直径为7万光年。银河系是一个旋涡星系，具有旋涡结构，即有一个银心和两个旋臂，旋臂相距4500光年。其各部分的旋转速度和周期，因距银心的远近而不同。

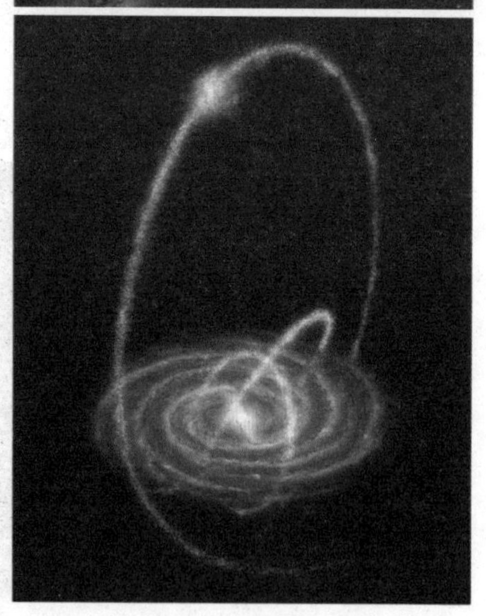

太阳距银心约2.3万光年，以250千米/秒的速度绕银心运转，运转的周期约为2.5亿年。

银河系物质约90%集中在恒星内。恒星的种类繁多，按照恒星的物理性质、化学组成、空间分布和运动特征，恒星可以分为5个星族。最年轻的极端星族Ⅰ恒星主要分布在银盘里的旋臂上；最年老的极端星族Ⅱ恒星则主要分布在银晕里。恒星常聚集成团，除了大量的双星外，银河系里已发现了1000多个星团，银河系里还有气体和尘埃，其含量约占银河系总质量的10%，气体和尘埃的分布不均匀，有的聚集为星云，有的则散布在星际空间。20世纪60年代以来，发现了大量的星际分子，如CO、H_2O等，分子云是恒星形成的主要场所。银河系核心部分，即银心或银核，是一个很特别的地方。它发出很强的射电、红外、X射线和γ射线辐射。其性质尚不清楚，那里可能有一个巨型黑洞，据估计其质量可能达到太阳质量的几千万倍。对于银河系的起源和演化，知之尚少。

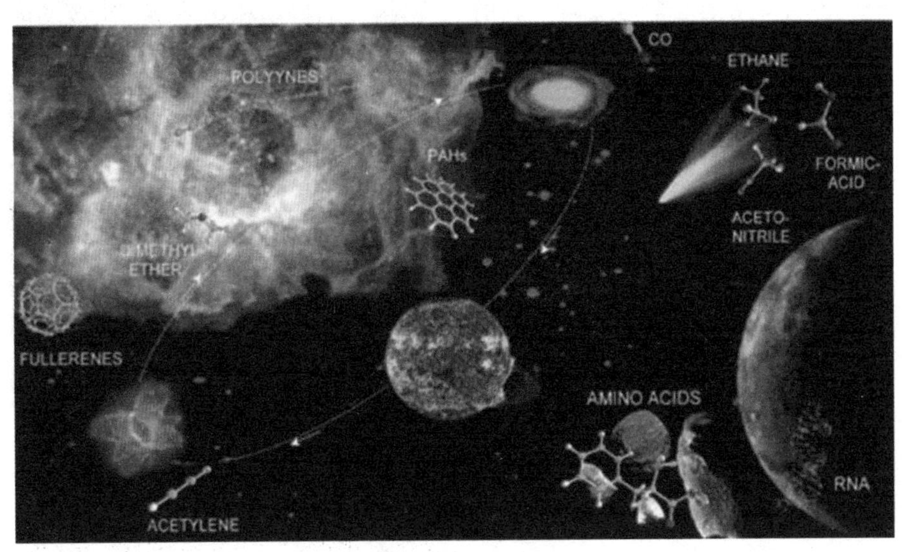

太空中的星际分子

1971年，英国天文学家林登·贝尔和马丁·内斯分析了银河系中心区的红外观测和其他性质，指出银河系中心的能源应是一个黑洞，并预言如果他们的假说正确，在银河系中心应可观测到一个尺度很小的发出射电辐射的源，并且这种辐射的性质应与人们在地面同步加速器中观测到的辐射性质一样。三年以后，这样的一个源果然被发现了，这就是人马A。

人马A有极小的尺度，只相当于普通恒星的大小，它位于银河系动力学中心的0.2光年之内。它的周围有速度高达300千米/秒的运动电离气体，也有很强的红外辐射源。已知所有的恒星级天体的活动都无法解释人马A的奇异特性。因此，人马A似乎是大质量黑洞的最佳候选者。但是由于目前对大质量的黑洞还没有结论性的证据，所以天文学家们谨慎地避免用结论性的语言提到大质量的黑洞。银河系大约包含两千亿颗星体，其中恒星大约一千多亿颗，太阳就是其中典型的一颗。银河系是一个相当大的螺旋状星系，它有三个主要组成部分：包含旋臂的银盘，中央突起的银心和晕轮部分。

螺旋星系M83，它的大小和形状都很类似于银河系。银盘外面是由稀疏的恒星和星际物质组成的球

状体，称为银晕，直径约10万光年。

银河系有4条旋臂，分别是人

马臂、猎户臂、英仙臂、3000秒差距臂。太阳位于猎户臂内侧，旋臂主要由星际物质构成。银河系也有自转，太阳系以每秒250千米速度围绕银河中心旋转，旋转一周约2.2亿年。银河系有两个伴星系：大麦哲伦星系和小麦哲伦星系。与银河系相对的称之为河外星系。

小麦哲伦星系

◆ 年 龄

依据欧洲南天天文台的研究报告，估计银河系的年龄约为136亿岁，几乎与宇宙一样老。

由天文学家Luca Pasquini、Piercarlo、Bonifacio、Sofia Randich、Daniele Galli、和RaffaeleG. Gratton所组成的团队在2004年使用甚大望远镜的紫外线视觉矩阵光谱仪进行的研究，首度在球状星团NGC6397的两颗恒星内发现了铍元素。这个发现让他们将第一代恒星与第二代恒星交替的时间往前推进了2至3亿年，因而估计球状星团的年龄在134±8亿岁，因此，银河系的年龄不会低于136±8亿岁。

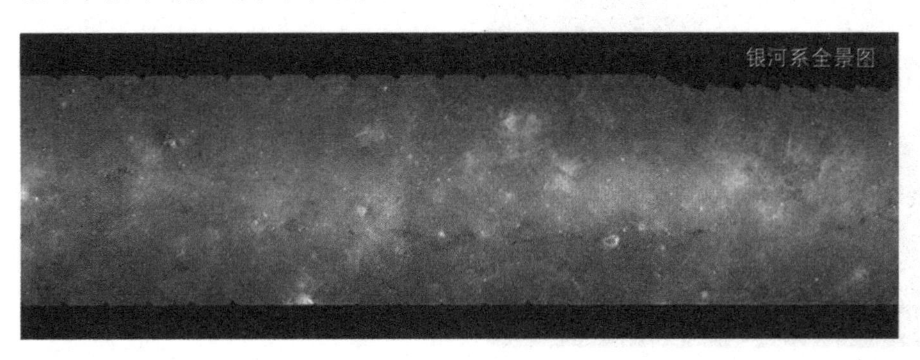

银河系全景图

河外星系

河外星系，简称为星系，是位于银河系之外，由几十亿至几千亿颗恒星、星云和星际物质组成的天体系统。目前已发现大约有10亿个河外星系。银河系也只是一个普通的星系。人们估计河外星系的总数在千亿个以上，它们如同辽阔海洋中星罗棋布的岛屿，故也被称为“宇宙岛”。

◆发　现

关于河外星系的发现过程可以追溯到两百多年前。当时，在法国天文学家梅西耶为星云编制的星表中，编号为M31的星云在天文学史上有着重要的地位。初冬的夜晚，熟悉星空的人可以在仙女座内用肉眼找到它——一个模糊的斑点，俗称仙女座大星云。从1885年起，人们就在仙女座大星云里陆陆续续地发现了许多新星，从而推断出仙女座星云不是一团通常的、被动地反射光线的尘埃气体云，而一定是由许许多多恒星构成的系统，而且恒星的数目一定极大，这样才有可能在它们中间出现那么多的新星。

如果假设这些新星最亮时候的亮度和在银河系中找到的其它新星的亮度是一样的，那么就可以大致推断出仙女座大星云离地球十分遥远，远远超出了人类已知的银河系的范围。但是由于用新星来测定的距离并不很可靠，因此也引起了争议。直到1924年，美国天文学家哈勃用当时世界上最大的2.4米口径的望远镜在仙女座大星云的边缘找到了被称为“量天尺”的造父变星，利用造父变星的光变周期和光度的对应关系才定出仙女座星云的准确距离，证明它确实是在银河系之外，也像银河系一样，是一个巨大、独立的恒星集团。因此，仙女星云应改称为仙女星系。

从河外星系的发现，可以反观银河系，它仅仅是一个普通的星系，是千亿星系家族中的一员，是宇宙海洋中的一个小岛，是无限宇宙中很小很小的一部分。

◆ **命　名**

银河系以外还有许许多多的天体。在天空中有一种天体，用小型望远镜看，它几乎和银河系的星云差不多，不能分辨。如果用大望远镜看，就会发现，它们不是弥漫的气体和尘埃，而是可以分辨的一颗颗恒星组成的，形状也象一个旋涡。它们是与银河系类似的天体系统，距离都超出了银河系的范围，因此称它们为“河外星系”。仙女座星系就是位于仙女座的一个河外星系。河外星系与银河系一样，也是由大量的恒星、星团、星云和星际物质组成。目前观测到的星系有10多亿个，如1518~1520年葡萄牙人麦哲伦环球航行到南半球，在南天空肉眼发现了两个大河外星云（河外星系）命名为：大麦哲伦云和小麦哲伦云，它们是距银河系最近的河外星系，而且和银河系有物理联系，组成一个三重星系。

20世纪20年代，美国天文学家哈勃在仙女座大星云中发现了一种叫作“造父变星”的天体，从而计算出星云的距离，终于肯定它是银河系以外的天体系统，称它们为“河外星系”。

◆ 分　类

目前的星系分类法是哈勃在1926年提出的，分为以下几个。

（1）椭圆星系

外形呈正圆形或椭圆形，中心亮，边缘渐暗。按外形又分为E0到E7八种次型。椭圆星系是河外

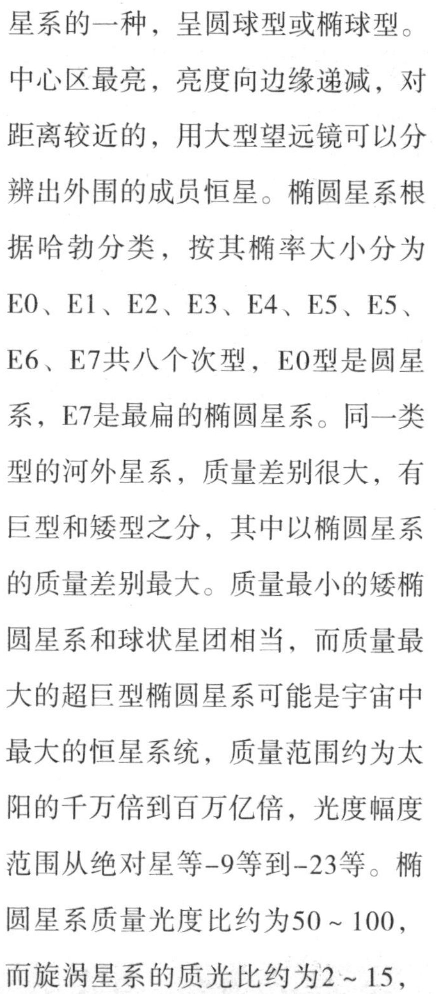

星系的一种，呈圆球型或椭球型。中心区最亮，亮度向边缘递减，对距离较近的，用大型望远镜可以分辨出外围的成员恒星。椭圆星系根据哈勃分类，按其椭率大小分为E0、E1、E2、E3、E4、E5、E5、E6、E7共八个次型，E0型是圆星系，E7是最扁的椭圆星系。同一类型的河外星系，质量差别很大，有巨型和矮型之分，其中以椭圆星系的质量差别最大。质量最小的矮椭圆星系和球状星团相当，而质量最大的超巨型椭圆星系可能是宇宙中最大的恒星系统，质量范围约为太阳的千万倍到百万亿倍，光度幅度范围从绝对星等-9等到-23等。椭圆星系质量光度比约为50～100，而旋涡星系的质光比约为2～15，

这表明椭圆星系的产能效率远远低

于旋涡星系。椭圆星系的直径范围是1～150千秒差距，总光谱型为K型，是红巨星的光谱特征。其颜色比旋涡星系红，说明年轻的成员星没有旋涡星系里的多，由星族II天体组成，没有或仅有少量星际气体和星际尘埃，椭圆星系中没有典型的星族I天体蓝巨星。关于椭圆星系的形成，有一种星系形成理论认为，椭圆星系是由两个旋涡扁平星系相互碰撞、混合、吞噬而成。天文观测说明，旋涡扁平星系盘内的恒星年龄都比较轻，而椭圆星系内恒星的年龄都比较老，即先形成旋涡扁平星系，两个旋涡扁平星系

相遇、混合后再形成椭圆星系。

还有人用计算机模拟的方法来验证这一设想，结果表明，在一定的条件下，两个扁平星系经过混合的确能发展成一个椭圆星系。加拿大天文学家考门迪在观测中发现，某些比一般椭圆星系质量大得多的巨椭圆星系的中心部分，其亮度分布异常，仿佛在中心部分另有一小核。他的解释就是由于一个质量特别小的椭圆星系被巨椭圆星系吞噬的结果。但是，星系在宇宙中分布的密度毕竟是非常低的，它们相互碰撞的机会极小，要从观测上发现两个星系恰好处在碰撞和吞噬阶段是非常困难的。所以，这种形成理论还有待人们去深入探索。

（2）漩涡星系

太阳系所处的银河系是一个漩涡星系，主要由质量和年龄不尽相同的数以千亿计的恒星和星际介质（气体和尘埃）所组成。它们大都密集地分布在银河系对称平面附近，形成银盘，其余部分则散布在银盘上下近于球状的银晕里。恒星和星际介质在银盘内也不是均匀分

布的，而是更为密集地分布在由银河中心伸出的几个螺旋形旋臂内，成条带状。一般分布在旋臂内的恒星，年轻而富金属，并多与电离氢云之类的星际介质成协。而点缀在银晕里的恒星则是年老而贫金属的。其中最老的恒星年龄达150亿年，有的恒星早已衰老并通过超新星爆发将内部所合成的含有重元素的碎块连同灰烬一起降落到银盘上。

（3）透镜星系

在椭圆星系中，比E7型更扁的并开始出现旋涡特征的星系，被称为透镜星系。透镜星系是椭圆星系向旋涡星系或者椭圆星系向棒旋星系过渡时的一种过度型星系。

（4）不规则星系

外形不规则，没有明显的核和旋臂，没有盘状对称结构或者看不出有旋转对称性的星系，用字母Irr表示。在全天最亮星系中，不规则星系只占5%。按星系分类法，不规则星系分为IrrI型和IrrII型两类。I型的是典型的不规则星系，除具有上述的一般特征外，有的还有隐

约可见不甚规则的棒状结构。它们是矮星系，质量为太阳的一亿倍到十亿倍，也有高达100亿倍太阳质量的。它们的体积小，长径的幅度为2～9千秒差距。星族成分和SC型螺旋星系相似：O–B型星、电离氢区、气体和尘埃等年轻的星族I天体占很大比例。II型的具有无定型的外貌，分辨不出恒星和星团等组成成分，而且往往有明显的尘埃带。一部分II型不规则星系可能是正在爆发或爆发后的星系，另一些则是受伴星系的引力扰动而扭曲了的星系，所以I型和II型不规则星系的起源可能完全不同。

为什么夜空是黑暗的？

奥伯斯（1758～1840年）出生于德国不来梅附近的一个小村庄，19岁那年到哥廷根学医。哥廷根大学的一个特色是学生享有学习的自由，学医的奥伯斯在那里也能跟着有“德国数学之师”之称的数学教授、天文台台长凯斯特纳学数学和天文学。毕业后，奥伯斯回到不来梅当医生，但他的真正兴趣是天文学。他白天行医，晚上则在改造成天文台的自家顶楼进行天文观测，天天如此，每天睡觉时间不超过4个小时。

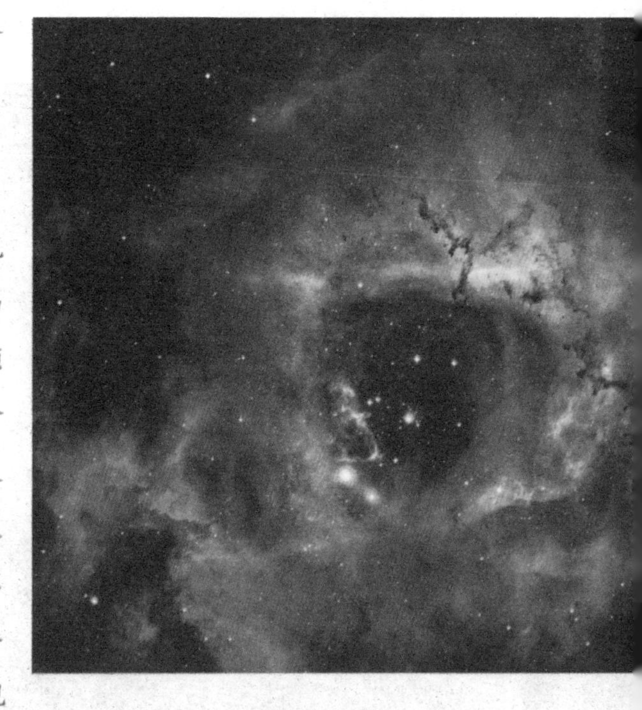

奥伯斯还在上大学的时候发现了一个计算彗星轨道的方法，而且沿用至今。此后他共发现了5颗彗星，其中一颗后来以他的名字命名。1801年新年的晚上，意大利天文学家皮亚齐发现了第一颗小行星谷神星，再想进一步观察时却找不到它了，但是奥伯斯在那一年的年底根据数学家高斯的计算重新发现了它，平息了谷神星是行星还是彗星的争论。奥伯斯本人后来发现了两颗小行星：1802年发现第二颗小行星智神星，1807年发现第四颗也是最亮的一颗小行星灶神星。不过奥伯斯在现在最广为人知的，是在1823年提出了一个听上去很傻的问题：为什么夜空是黑暗的？如果宇宙是无限的，恒星均匀地布满天空，那么夜晚的天空也将和白天一样明亮。

实际的情况当然并非如此。这种理论和实际的矛盾，物理学上称为佯谬。奥伯斯指出的这个矛盾，后来就被称为奥伯斯佯谬。其实，它并不是奥伯斯首先提出的。1610年，伽利略用望远镜发现空中有无数肉眼看不到的恒星后，认为宇宙是无限的，恒星的数量也是无限的。开普勒不以为然，给伽利略去信指出，如果那样的话，夜空就不会是黑暗的。他打了一个比方，假如你站在无边无际的森林中向前看，不论你往哪个方向看，都只能看到一根根的树干连成一片挡在你的眼前，看不到任何间隙。只有当你是在一片小森林中时，才能透过树干的间隙看到外面的世界。同样的道理，如果宇宙是无限的，那么恒星将占据了天空的每一点，它们发出的光终将抵达地球，所有的恒星发出的光都将连成一片，就像人们在夏天看到的银河一样。既然实际情况是恒星彼此之间有黑暗的间隙，那就说明宇宙是有限的，透过这些间隙人们看到的是一

堵包围宇宙的黑暗围墙。

但是后来的天文学家都相信宇宙在空间上和时间上都是无限的。怎么解决这个矛盾呢？18世纪初英国天文学家哈雷提出了一个容易想到的解决方案：远处恒星发出的光线在抵达地球时强度变得十分弱，无法被人们看到，但是这个解释是站不住脚的。虽然光线的强度按距离的平方而减少，但是在一个无限大的宇宙中，天空的体积即恒星的数量将按距离的平方而增加，也就是说，在远处某一点，恒星数量增加的比例恰好等于光强度减少的比例，二者互相抵消，总的光强度与距离远近无关。如果多数恒星都和太阳一样，天空的每一点都应该和太阳盘面一样亮。天球的面积是太阳盘面的18万倍，那么照射地球的星光亮度也应该是阳光的18万倍。

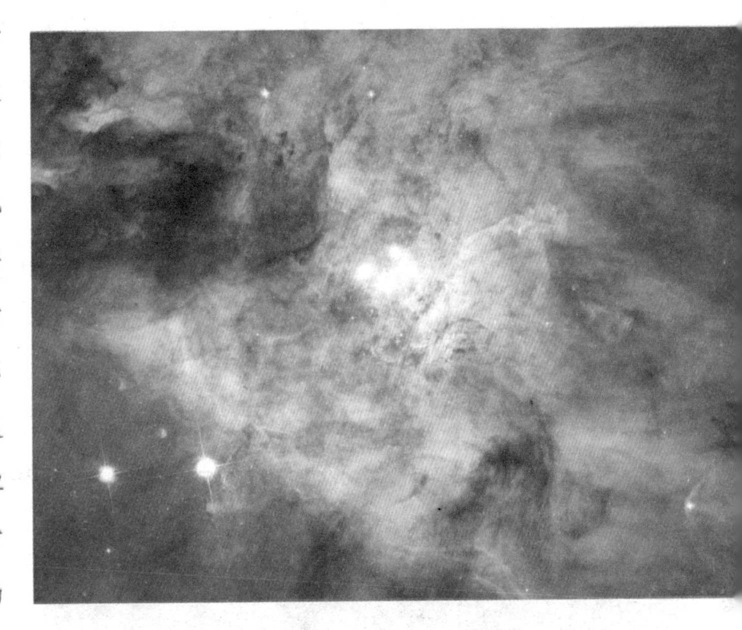

奥伯斯提出的解释是，太空并不是“透明”的，遥远恒星发出的光被弥漫在恒星之间的稀薄物质云给遮挡、吸收了。但是在热力学定律被发现之后，这个解释也经不起推敲了。根据热力学定律可知，假如有太空物质遮挡住星光，光能将会被吸收转化成热能，这些能量最终要重新被辐射出来，从而也要发光（虽然光的波长可能不同），天空仍然还是一片明亮。

要解决这个佯谬的唯一办法是否定其大前提，即宇宙不是无限的，因而恒星数量是有限的。但是这还不够，即使恒星数量是有限的，其数量也近乎无限，足以照亮整个夜空。1848年，美国小说家爱伦坡在一篇随笔中指出，唯一的出路是假定远处的星光还来不及照到地球上来。也就是说，宇宙在时间上有一个起点，而且宇宙的年龄还没有老到足以让人们见到所有远处恒星发出的光。

人们现在知道宇宙的年龄的确是有限的，宇宙是在大约137亿年前大爆炸形成的。而计算表明，要把地球的夜空全部照亮，要花上以亿亿亿年计的时间，远处的星光才能都抵达地球，显然宇宙还太年轻了。

而且宇宙在不断地向各个方向膨胀，各个星系在互相远离，当然也都在远离地球。空间的膨胀导致光线在传播时波长被拉长，能量也因此降低了（波长与能量成反比）。这个现象称为“红移”，意思是可见光向能量较低的红光转变，而红光还会向能量更低的红外线、微波转变，所以遥远的星光在抵达地球时能量已低到不能被肉眼见到了。由于宇宙太年轻，所以夜空是暗的；而由于宇宙在膨胀，让夜空变得更暗。“为什么夜空是黑暗的？”这个问题其实一点也不傻，蕴含着宇宙的奥秘。

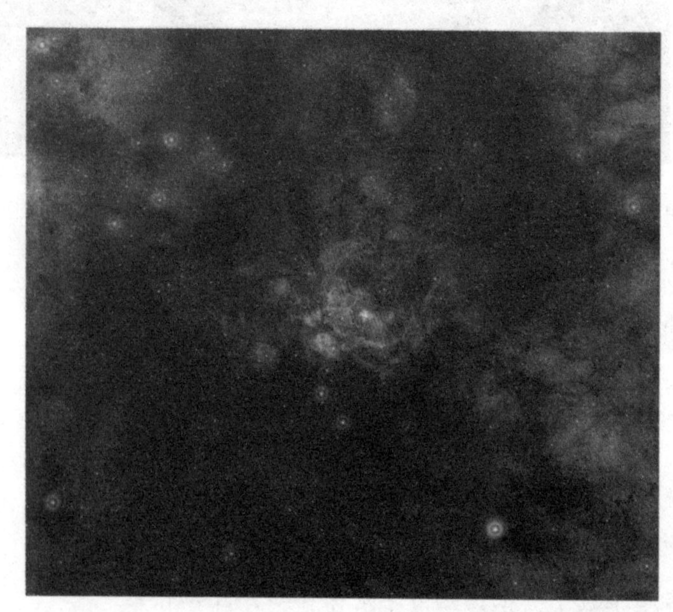

第四章
美丽星空

如果晚上你在夜幕下多坐一会儿，你就会发现，不断有新的星星从东方升起，而天上已有的星星渐渐被赶下了西天，直到第二天晚上，它们才又跑到天上去。其实，这和太阳的东升西落一样，是地球自转造成的。

不过，如果每天晚上在同一时间仰望星空，你就会发现每天看到的星星都不一样，夏夜头顶的星星到了秋夜，已经走到了西天，到了冬夜，就根本看不见了，直到一年以后的同一天，它们才又回到原来的位置。

假如你坐飞机从北京一直向南飞，你会发现，南方渐渐升起了一些新的星星，而北方的星星慢慢不见了。也就是说，地球上不同纬度地区所看到的星空是不一样的。但只要纬度相同，经度不同的地区看到的星空是完全相同的，只不过同一片天空大家看到它的时间不同罢了。

早在远古时代，人们为了认星，把星空划分成很多小区域，古巴比伦（也就是现在西亚的伊拉克）人把这些区域称为“星座”。后来，古希腊人把他们所能看到的天空，划分成四十多个星座，他们用假想的线条将星座内的主要亮星连起来，并想象成动物和人物的形象，结合神话故事给每个星座都起了名字。到了1928年，国际天文学联合会在古希腊星座系统的基础上，正式将全天划分成88个星座。

下面，来认识一下灿烂星空中的星座吧！也许神秘、陌生的星空，很快就会变成我们熟悉而又亲切的朋友呢。

帮你认识星座

在认识四季星座之前，必须了解一些和星座有关的天文学知识和天文学名词。下面这些内容，可以帮助读者更加系统地认识和记忆星座和星空。

◆ 星座中星星的命名规则

星座中星星的命名规则是这样的：按照每颗星星的亮度，从明到暗，每颗星各由一个希腊字母代表。当所有二十四个希腊字母用完后，接着再用阿拉伯数字表示。

◆ 星　等

“星等”是天文学上对星星明暗程度的一种表示方法，记为m。天文学上规定，星的明暗一律用星等来表示，星等数越小，说明星越亮，星等数每相差1，星的亮度大约相差2.5倍。人们肉眼能够看到的最暗的星是6等星（6m星）。天空中亮度在6等以上（即星等数小于6），也就是人们可以看到的星有6000多颗。当然，每个晚上人

们只能看到其中的一半，3000多

颗。满月时月亮的亮度相当于-12.6等（在天文学上写作-12.6米）；太阳是人们看到的最亮的天体，它的亮度达-26.7m；而当今世界上最大的天文望远镜能看到暗24m的天体。

人们在这里说的“星等”，事实上反映的是从地球上“看到的”天体的明暗程度，在天文学上称为“视星等”。太阳看上去比所有的星星都亮，它的视星等比所有的星星都小得多，这只是沾了它离地球近的光。更有甚者，象月亮，自己根本不发光，只不过反射些太阳光，就俨然成了人们眼中第二亮的天体。天文学上还有个“绝对星等”的概念，这个数值才真正反映了星星们的实际发光本领。

◆ 天　球

天文学上为了与人们的直观感觉相适应，把天空假想成一个巨大的球面，这便是天球。天球的中心自然就是地球，它的半

径无穷大。天球只是人们的一种假设，是一种“理想模型”，引入天球这一概念，只是为了确定天体位置等方面的需要。

◆ 天赤道和天极

天文学上，确定天体位置的方法与地球表面非常相似，也是通过经纬坐标系来实现的。最常用而且最重要的天球坐标系，就是赤道坐标系。

地球赤道所在平面与天球的交线是一个大圆，这个大圆就称为“天赤道”，它就是赤道在天球上的投影；向南北两个方向无限延长地球自转轴所在的直线，与天球形成两个交点，分别叫作北天极和南天极。“天赤道”和“天极”是天球赤道坐标系的基准。

◆ 黄道与黄道星座

太阳在天球上的“视运动”分为两种情形，即“周日视运动”和“周年视运动”。“周日视

运动”即太阳每天的东升西落现象，这实质上是由于地球自转引起的一种视觉效果；“周年视运动”指的是地球公转所引起的太阳在星座之间“穿行”的现象。

天文学把太阳在天球上的周年视运动轨迹，称为“黄道”，也就是地球公转轨道面在天球上的投影。太阳在天球上沿着黄道一年转一圈，为了确定位置的方便，人们把黄道划分成了十二等份（每份相当于30度），每份用邻近的一个星

座命名，这些星座就称为黄道星座或黄道十二宫。这样，相当于把一年划分成了十二段，在每段时间里太阳进入一个星座。在西方，一个人出生时太阳正走到哪个星座，就说此人是这个星座的。

由于人们只有白天才能看到太阳，而这时是看不到星星的。所以太阳走到哪个星座，人们就恰好看不见这个星座。也就是说，在人们过生日时，却恰恰看不到自己所属的星座。

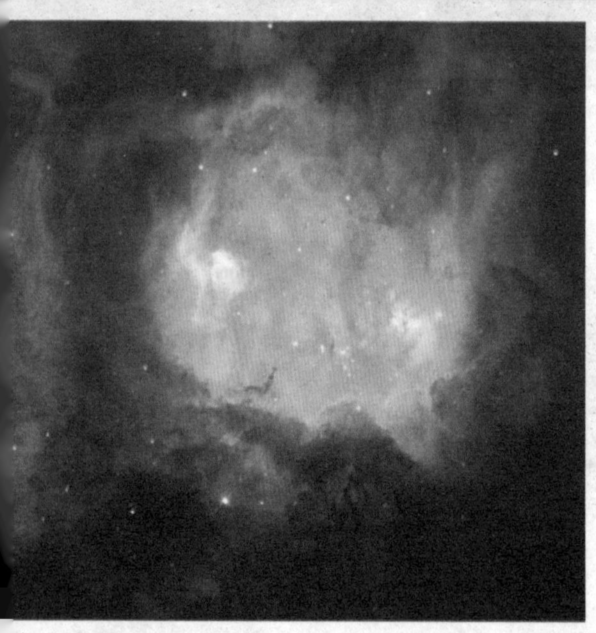

◆ 赤经与赤纬

在天球的赤道坐标系中，天体的位置根据规定通常用经纬度来表示，称作赤经（α）、赤纬（δ）。人们知道，赤道和地球的公转轨道面也就是黄道是不重合的，二者间有23度左右的夹角（天文学中称之为“黄赤交角”）。这样，天赤道和黄道就有了两个交点，而这两个交点在天球上是固定

不变的。黄道自西向东从赤道以南穿到赤道以北的那个交点，在天文学中称之为“春分点”，人们把通过这一点的经线定为天球赤道坐标系经线的0度。与地球经度不同的是，赤经不分东经、西经，它是从0度开始自西向东到360度。而且，它的单位事实上也不是“度”，而是时间的单位时、分、秒，范围是0～24时。天球赤道坐标系的纬度规定与地球纬度类似，只是不称作

“南纬”和“北纬”，天球赤纬以北纬为正，南纬为负。

◆ 岁　差

地球就象是一个旋转的陀螺，而陀螺在旋转时，它的轴并不是垂直于地面完全不动的，而是在微

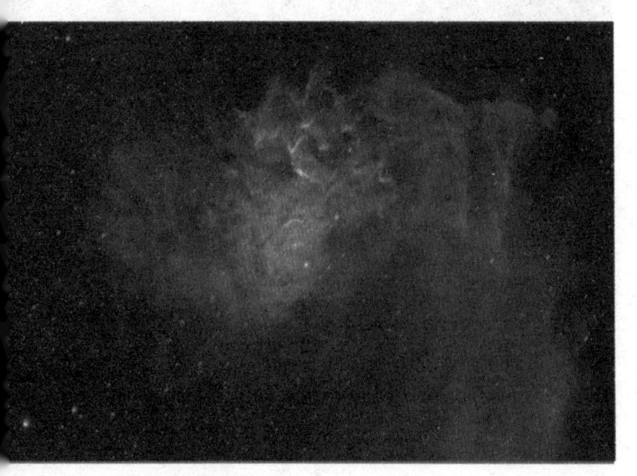

微晃动，这种现象在物理学上称为“进动”。地球也是这样，它的自转轴在天空中的方向是不断变化的，并不总是指向某一固定点，这在天文学上叫做岁差。

◆ 天体的“自行”

人们肉眼可以看到的星有6000多颗，这些星可以分为两类：一种是行星，也就是太阳系的九大行星。古人观测天空，只看到离人们

最近的水星、金星、火星、木星、土星，古人发现这五颗星的位置总在变化，这说明它们在天上不停地走来走去（这种“走动”，按现在的说法就是行星的“公转”），因

此称它们为“行”星。而对于另一类星，它们在天上的位置看上去总是固定不变（当然，这必须排除地球自转、公转造成的星星们看上去的“变动”），所以称它们为“恒”星。

随着科学的发展，人们逐渐认识到宇宙中的运动是绝对的，而“静止”永远是相对现象。大量观测表明，恒星并不是固定不变的，它们也在运动。天文学上称之为恒星的“自行”。其实，恒星的运动如果与视线平行，人们是看不出来的。所以，自行的真正定义应该是恒星运动垂直于视线的分量。

恒星自行的绝对速度并不慢，往往比行星的运动速度快得多，只

不过除太阳外的恒星离人们都太遥远了，它们跑得再快，从地球上看去也跟静止差不多。但经过上万年之后，恒星的位置变化就会较为明显。

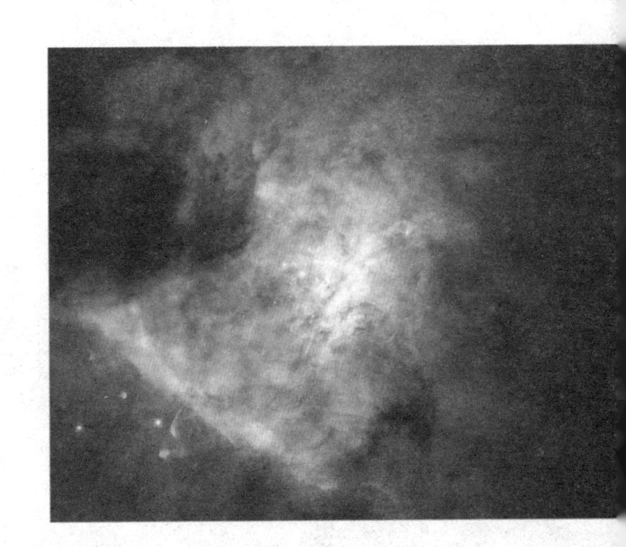

◆ 双重星系、星系群和星系团

群星璀璨的星系，也和单个的星星类似，常常三五成群地聚在一起。与双星、聚星和星团类似，人们称他们为“双重星系”“星系群”和“星系团”。对于双重星系，把较大的叫做主星系，较小的称为伴星系。

◆ 星　云

宇宙空间的很多区域并不是绝对的真空，在恒星际空间内充满着恒星际物质。恒星际物质的分布是很不均匀的，其中宇宙尘埃物质密度较大的区域（此密度仍然远远小于地球上的实验室真空），所观测到的是雾状斑点，称为星云。

星座介绍部分涉及到的星云类型，主要是“亮星云”和“暗星云”两种。星云本身并不能发光，所以“亮星云”其实是借助别人的力量才“发”光的。假如一片星云附近有一颗恒星，那这个星云就能反射恒星发出的光而现出光亮来，这就象月亮反射太阳光一样，这样的亮星云人们称之为反射星云；还有一类星云，在它们中间有一颗恒星，星云吸收恒星的紫外辐射，再

把它转变为可见光发射出来，这样人们也能看见这个星云，这样的亮星云叫做发射星云。如果在一个星云附近和中央都没有恒星，那这个星云就不能看到，这样的星云人们就叫它暗星云。

◆ 变　星

凡是能够观测到亮度变化的恒星，都称为变星。变星主要分为造父变星和食变星两类。

食变星实际上是双星系统造成的，两颗星彼此绕着对方旋转，其轨道面恰好和它们与地球的连线平行。这样，当比较暗的一颗星转到比较亮的那颗星和地球之间的时候，就把亮星的光遮住了一部分，于是总的亮度就减退了。当这颗暗星转到亮星的一旁或后面，不再遮光的时候，系统又恢复了最大观测亮度。这类变星的代表是英仙座的大陵五。

另一类变星的变光现象，确实是由它自己造成的，如仙王座的造父一。天文学家发现，造父一的直径是太阳的30倍，约4000万千米。它就像人体的心脏一样，总在不停地搏动——膨胀与收缩，直径前后相差达500万千米。膨胀时它的亮度就减弱，收缩时亮度就增加，搏动的周期也就是它亮度变化的周期。像造父一这样由于体积的变化导致的变光称为“脉动变星”。有些脉动变星的变光周期与它的亮度有严格的对应关系，利用这一点，天文学家就可以确定它与地球之间的距离，因此这类变星又有“量天尺”之称。

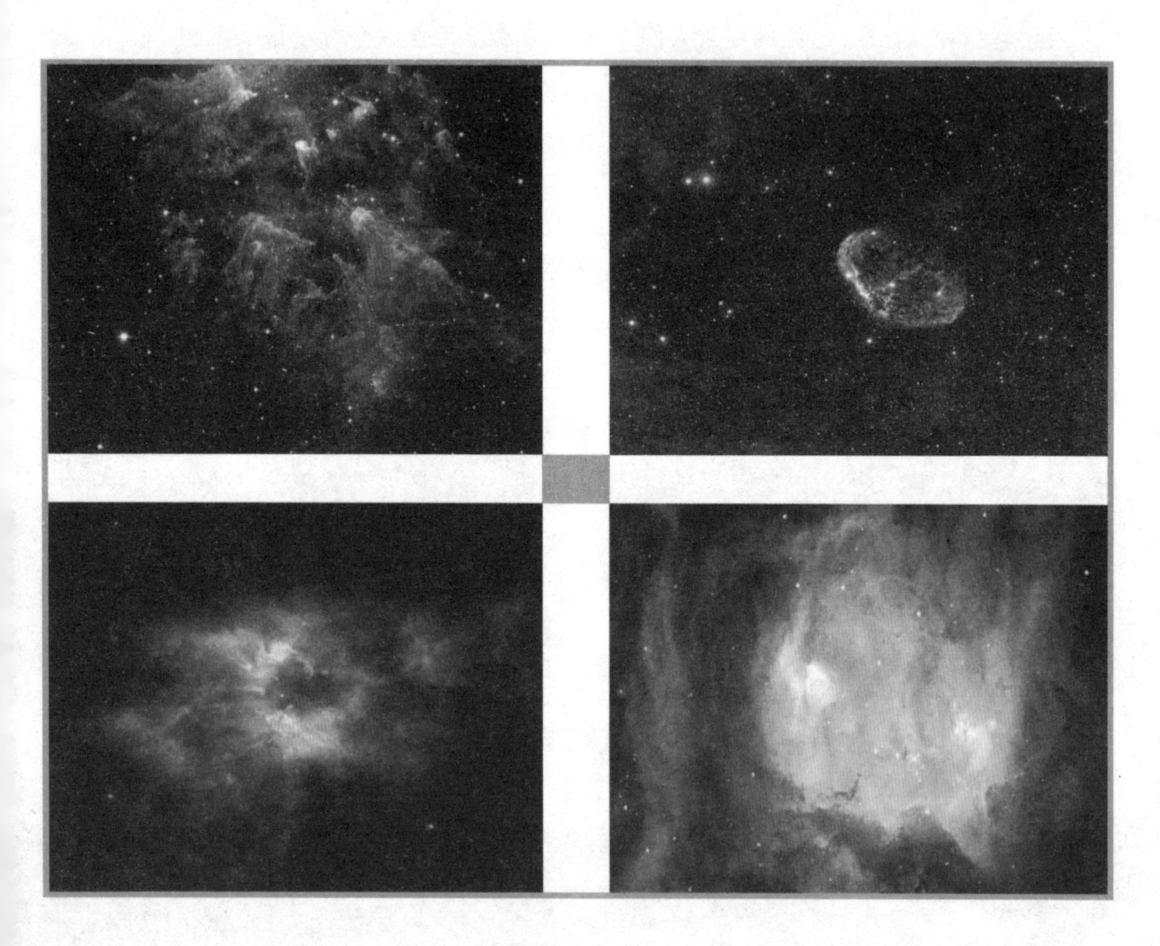

春季星空

春季星空中，最引人注目的是高悬于北方天空的北斗七星（即大熊座α、β、γ、δ、ε、ζ、η星），由于七颗星的亮度都比较大，所以都很容易找到。

从北斗七星出发，就能找到春季的主要亮星：连接斗口的两颗星（β和α），并延长到这两颗星距离五倍远的地方，就会找到较为明亮的北极星（小熊座α星）；沿斗口的另外两颗星δ和γ的连线，向西南寻去，可找到很亮的轩辕十四（狮子座α星）。

顺着斗柄上几颗星（δ、ε、ζ、η）的曲线延伸出去，可以画成一条大弧线，延此弧线即能找到橙色亮星大角（牧夫座α星），继续南巡，可找到另一颗亮星角宿一（室女座α星），再继续西南巡去，可找到由四颗小星组成的四边形，这就是乌鸦座。这条始于斗柄、止于乌鸦座的大弧线，就是著名的“春季大曲线”。由大角、角宿一和狮子座β星构成的三角形，称为“春季大三角”。由春季大三角和猎犬座α星构成的不等边四边形，称为“春季大钻石”。

◆ 大熊座

在地球上不同纬度的地区，所能看到的星座是不一样的。在北纬40度以上的地区，也就是北京和希腊以北的地方，一年四季都可以见到大熊座。不过，春天，大熊座正在北天的高空，是四季中观看它的最好时节。

在我国古代，把大熊星座中的七颗亮星看做一个勺子的形状，这就是我们常说的北斗七星。η、ζ、ε三颗星是勺把儿，α、β、γ、δ四颗星组成了勺体。其实，观看大熊座时，勺子的形状比熊的形象更容易被看出来。这个大勺子一年四季都在天上，不同季节勺把的指向还有变化，而且恰好是一季指一个方向，用古人的话来说就是："斗柄东指，天下皆春；斗柄南指，天下皆夏；斗柄西指，天下皆秋；斗柄北指，天下皆冬。"远古时代没有日历，人们就用这种办法估测四季。当然，由于地球的自转，必须是晚上八点多才能看到这一现象。

大熊座无疑是北方天空中最醒目、最重要的星座，古往今来各国的天文学家都很重视它。我们常说"满天星斗"，可见中国人简直把北斗做为天上众星的代名词了。我国古代天文学家给北斗七星的每一颗都专门起了名字，而且还特别把斗身的α、β、γ、δ四颗星称

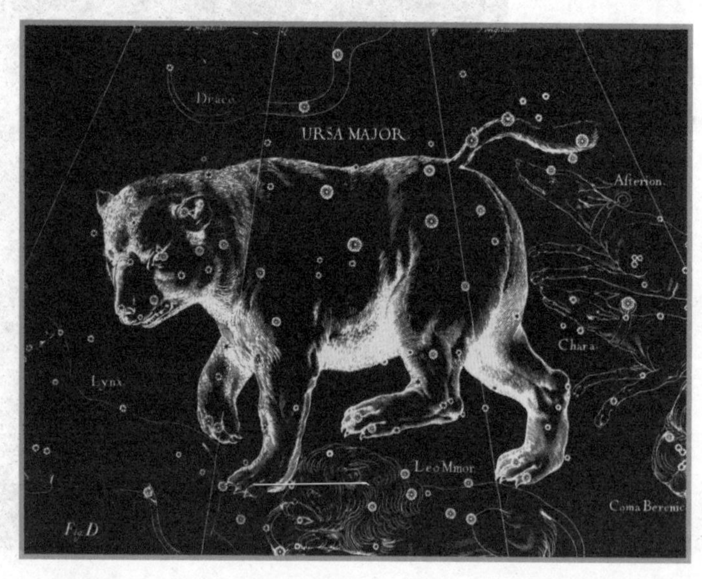

做“魁”。魁就是传说中的文曲星，古代，它是主管考试的神。在科举时代，参加科举考试是贫寒人家子弟出人头地的唯一办法。每逢大考，有很多举子仰望北斗，默默祷告考试成功。

从勺柄数起第二颗，也就是那颗ζ星，中国古代称为开阳星。仔细看看它，会发现它旁边很近的地方还有一颗暗星，这颗暗星叫大熊座80号星。古人看它总在离开阳星很近的地方，就象是开阳星的卫士，就把它叫做辅。开阳星和辅构成了一对双星。

◆ 小熊座

从大熊座北斗斗口的两颗星β和α引一条直线，一直延长到距离它们五倍远的对方，有一颗不很亮的星，这就是小熊座α星，也就是著名的北极星。一年四季，不管北斗的勺柄指向何方，β、α两星的连线总是伸向北极星。所以，我国古代也把这两颗星称作指极星。

把小熊座星图中主要亮星连起来，与其说构成了一只小熊的形象，倒不如说是个小北斗的样子。小熊座的这个“北斗”不但比大熊座的北斗小很多，而且七颗星中除了α、β是2等星，γ是3等星以外，其它几颗都小于4等；不像大熊座的北斗，除了δ是3等星以外，其它六颗都是2等星。所以，这个小北斗远不像北斗七星那么引人注目，人们平时注意到的只是北极星一颗。

地球的自转轴在天空中的位置是很稳定的，人们就把地球自转轴在空中所指的方向定为南和北。北极星恰恰就在地球自转轴的方向，所以古时人们在大海中航行，在沙漠、森林、旷野上跋涉，总是求助于它来指示方向。人们因此非常景仰它，我国古时甚至将它视为帝王的象征，即使在科技高度发达的今天，北极星在天文测量、定位等许多方面仍然有着非常重要的应用。

其实，北极星并不正好在北极点上，它和北极点还有1度的距离，只不过再没有别的星比它更接近北极点了，所以它就近似地被人们视为北极点。如果人们站在地球的北极，这时北极星就在头顶的正上方。在北半球其他地方，人们看到北极星永远在正北方的那个位置上不动。而且，由于地球的自转和公转，北天的星座看上去每天、每年都绕北极星转一圈。尤其是北斗，勺口指向北极星，并绕着它旋转，不知倦怠，永不停歇。

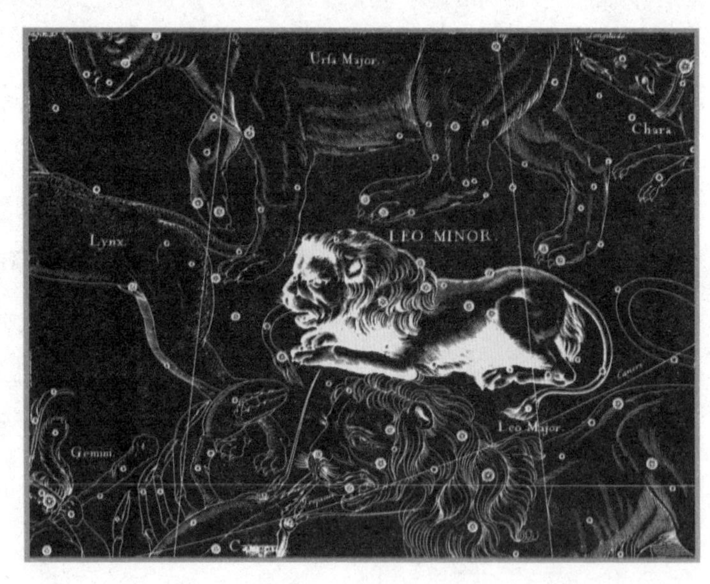

◆ 狮子座

春夜通过春季大三角找到了狮子座β星即五帝坐一后，它东边的一大片星，就都是狮子座的了。在狮子座中，δ、θ、β三颗星构成一个很显著的三角形，这是狮子的后身和尾巴；从ε到α这六颗星组

成了一个镰刀的形状，又象个反写的问号，这是狮子的头，连接大熊座的指极星（即勺口的两颗星）向与北极星相反的方向延伸，就可以找到它。α星中国叫轩辕十四，它的视星等为1.35m，位于狮子座心脏的部位，也是那个反写的问号的一点，是狮子座最亮的星，也是全天第二十一亮星。

◆ 牧夫座

在春末夏初之际，可以先找到北斗七星，然后将北斗的斗柄三星沿弧线方向延长，可以看见一颗很明亮的星，它就是牧夫星座的主星——大角星（牧夫座α星），是春夜星空中“春季大三角”最亮的顶点。牧夫座由几颗中等亮度的星构成了一个五边形，像个大风筝，这个星座中最亮的大角星（视星等为-0.04m），好似挂在风筝下面的一盏明灯。大角星是北方天空中最亮的三颗恒星之一（另外两颗是织女星和五车二）。

◆ 猎犬座

从大熊座北斗的α星和γ星引出一条直线，向大角方向延长约两倍，就可以找到猎犬座α星。它与狮子座β星和牧夫座大角组成了一个等边三角型，通过这个办法也可以找到猎犬座α星。

猎犬座中除了α星（2.9m）

和β星（4.3m）外，全都是暗星，所以这个星座显得冷冷清清，根本看不出什么猎犬的样子。

晴朗无月的夜晚，在猎犬座α星和大角连线的中点可以找到一颗非常黯淡的星，有时甚至得借助小望远镜才能看到。而在大型望远镜下观察，原来它并不是一颗星，竟是20多万颗星聚在一起的星团。猎犬座的这个大星团呈球形，直径达40光年，在天文学上叫做“球状星团”。

在猎犬座北面有一漩涡星系，距离我们约1400万光年，即猎犬座星系。

猎犬座亚克多罗斯（意思即熊的卫护者），是宙斯派来保护它们（大熊座和小熊座）母子的。

◆ 室女座

顺着大熊座北斗勺把儿的弧线，就可以找到牧夫座α星，也就是大角。沿着这条曲线继续向南找，再经过差不多同样的长度，可以看见一颗亮星，这就是室女座α星，我国古代称为角宿一。连接北斗的α星和γ星，延长到七八倍远的地方也可以看到角宿一。

古希腊人把室女座想象为生有翅膀的农神得墨忒尔的形象，她一手拿着麦穗，仿佛在和人们一起欢庆丰收。

室女座是全天空第二大星座，但在这个星座中，只有角宿一是0.9m星，还有4颗3m星，其余都是暗于4m的星。因此，虽然得墨忒尔贵为农神，它在天上的形象却并不太耀眼。

我们不妨把这个有点复杂的大星座，简化为一个大写的字母“Y”：以α到γ星为柄，从γ星开始分为两叉，γ、δ、ε为一分支，γ、η、β为另一分支。

好在有角宿一这颗亮星，才没有使室女座这个春天著名的黄道大星座太黯淡（室女座在黄道星座中也被称为“处女座”）。角宿一是全天空第十六亮星，它和大角及狮子座β星构成了一个醒目的等边三角形，称为“春季大三角”。春季大三角和猎犬座α星组成的菱形叫做“春季大钻石”，据说，这是天神宙斯送给他姐姐得墨忒尔的礼物。

春天人们看星时，在找到了大熊座的北斗七星和小熊座的北极星后，紧接着就应该找到这个大三角。这样，再找其它星座就容易多了。

◆ 乌鸦座

乌鸦座位于赤经12时20分，赤纬-18度，在室女座西南。座内有3

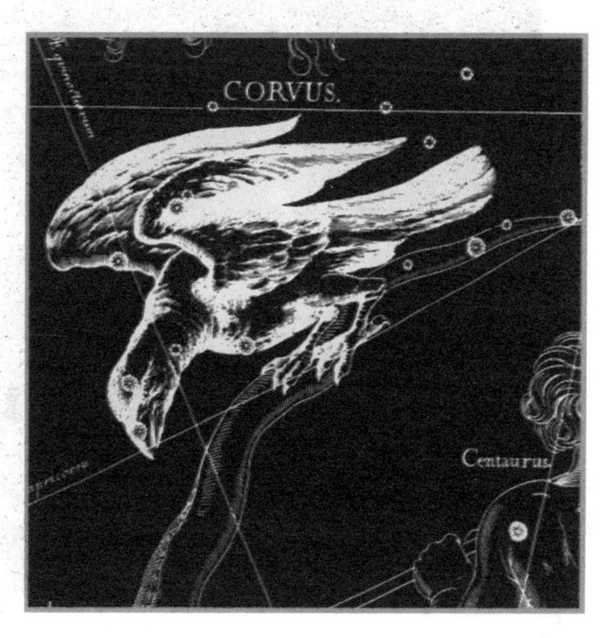

等星4颗，4等星2颗。γ、ε、δ和β（轸宿一、二、三、四）四星构成一个四边形，即“轸宿”。γ和δ两星的联线遥指室女座α星（角宿一）。

乌鸦座是南天星座之一，位于室女座西南，巨爵座与长蛇座之间，由4颗3等星组成歪斜的四边形。乌鸦座四边形中的轸宿一和轸宿三两星遥指室女座的角宿一的西南边。公元2世纪古希腊天文学家托勒密在《大综合论》中就已经列出了这个小星座。乌鸦座亮星很少，乌鸦的形象并不明显。座内最亮的四颗3m星组成了一个小小的不规则四边形，其中的γ星和δ星正指向室女座的角宿一。

夏季星空

夏季星空的重要标志，是从北偏东平线向南方地平线延伸的光带——银河，以及由3颗亮星，即银河两岸的织女星（天琴座α星）、牛郎星（天鹰座α星）和银河之中的天津四（天鹅座α星）所构成的“夏季大三角”。夏季的银河极为壮美，但只能在没有灯光干扰的野外才能欣赏到。

由织女星顺着银河岸边向南边巡去，可看到一颗红色的亮星心宿二（天蝎座α），它和十几颗星组成一条“S”形曲线，这就是夏季著名的天蝎座，蝎尾浸没于银河的浓密部分之中。

由牛郎星沿银河南下，可找到人马座，其中的6颗星组成“南斗六星”，与西北天空大熊座的北斗七星遥遥相对。人马座部分的银河最为宽阔和明亮，因为这是银河系中心的方向。

由织女星和牛郎星的连线继续向东南方向延伸，可找到由暗星组成的摩羯座。沿天津四与织女星的连线向西南方向巡去，可找到武仙座。武仙座以西，有7颗小星，围成半圆形，这就是美丽的北冕座。

◆ 天琴座

夏夜，在银河的西岸有一颗十

分明亮的星，它和周围的一些小星一起组成了天琴座。

天琴座虽然不大，但它在天文学上可非常重要。在古希腊，人们把它想象为一把七弦宝琴，这便是太阳神阿波罗送给俄耳甫斯的那个令无数人心醉神迷的金琴。直到今天，每当人们仰望它时，仿佛仍有几曲仙乐从天际流淌下来。我国古代则把天琴座中最亮的那颗α星叫做织女星，这个典故来源于“牛郎织女”这个美丽的神话故事，在我国可谓是尽人皆知。而在织女星旁边，由四颗暗星组成的小小菱形就是织女织布用的梭子。

织女星的视星等为0.05m，是全天第五亮星。它离地球26光年远，是第一颗被天文学家准确测定距离的恒星。由于岁差，北极星总是轮流值班的。再过12000年，织女星就会成为那时的北极星了。

如狮子座一样，天琴座里面也有一个很著名的流星雨。它出现于每年的4月19日至23日，其中尤以22日最壮观。世界上关于它的最早记录，出现在我国古代的典籍《春秋》里， 它生动地记载了公元前687年天琴座流星雨的爆发：“夜

中，星陨如雨。”四月下旬，天琴座在凌晨四、五点的时候升到天顶，要想更清楚地看到流星雨，就要起得非常早。

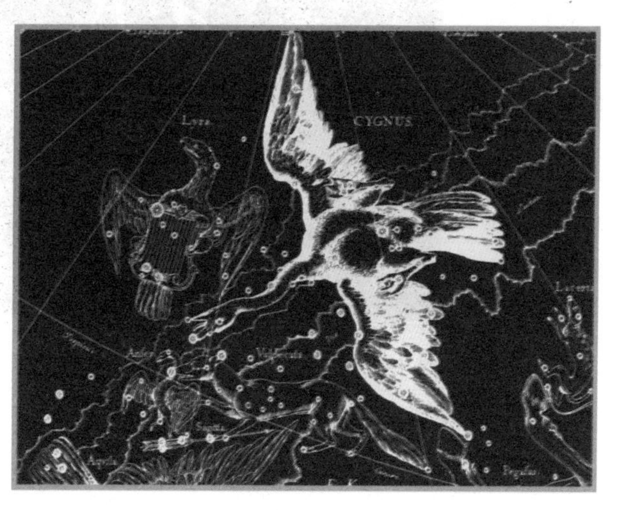

◆ 天鹅座

天鹅座为北天星座之一，其拉丁名是Cygnus，简写为Cyg，意为天鹅。每年9月25日20时，天鹅星座升上中天，夏秋季节是观测天鹅座的最佳时期。有趣的是，天鹅座由升到落真如同天鹅飞翔一般：它侧着身子由东北方升上天空，到天顶时，头指南偏西，移到西北方时，变成头朝下尾朝上没入地平线。

天鹅座完全沉浸在白茫茫的银河之中，与银河两岸的天鹰座和天琴座鼎足而立，这三个星座的三颗主星（α星）组成了一个大的三角形（夏天的大三角）。天鹅座位于赤经20时30分，赤纬44度，面积804平方度。座内目视星等亮于6等的星有191颗，其中亮于4等的星有22颗之多。所以，在夏天的夜空中，虽然银河象轻纱，繁星密布，但是天鹅座并不难寻找，在银河之中仍能显赫它的容光。

天鹅座也有一个十分著名的流星雨，是火流星，一般出现在8月的下旬，最旺盛期在8月20日，辐射点在k星附近，流星末端常可见到明亮的爆发，在夏夜天空十分醒目。

◆ 天鹰座

天鹰座是赤道带星座之一，位于天琴座之南，人马座之北，大

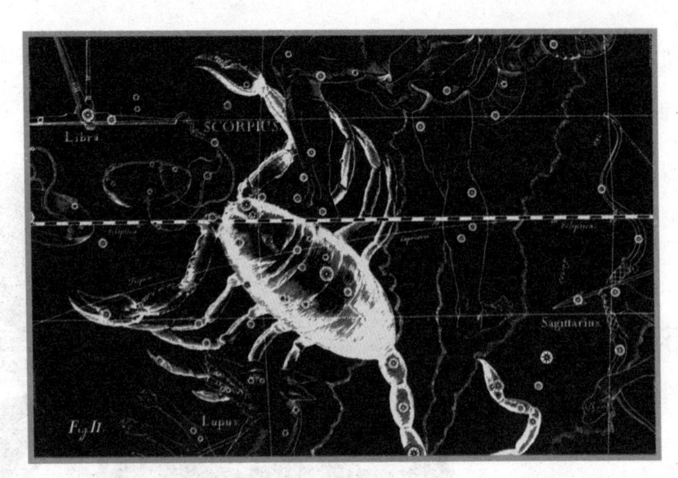

部分在银河中。座内目视星等亮于6等的星有87颗，其中亮于4等的星有13颗。

◆ 天蝎座

夏天晚上八九点钟的时候，南方离地平线不很高的地方有一颗亮星，这就是天蝎座α星（心宿二）。因为这时候南边低空中多是些暗星，所以它非常显著。找到了这颗星，天蝎座的其它部分就不难认出来了。

天蝎座是夏天最显眼的星座，它里面亮星云集，光是亮于4m的星就有20多颗。天蝎座又大又亮星又多，可以说是夏夜星座的代表。再加上它也是黄道星座，所以格外引人注目。不过，天蝎座只在黄道上占据了短短7度的范围，是十二个星座中黄道经过最短的一个。

天蝎座有两个大钳子，剧毒的尾巴高高翘起，蛮横地横在南天，吓得旁边的几个星座敢怒不敢言。

天蝎座从α星开始一直到长长的蝎尾都沉浸在茫茫银河里。α星恰恰位于蝎子的胸部，因而西方称它是“天蝎之心”。有趣的是，在我国古代，正好把天蝎座α星划在二十八宿的心宿里，叫做“心宿二”。在这点上东西方的天文学家们不谋而合。

秋季星空

“飞马当空，银河斜挂”，这是秋季星空的写照。

如果要巡视秋季星空，可从头顶方向的“秋季四边形”（又称为“飞马—仙女大方框”）开始，这个四边形十分近似一个正方形，而且当它在头顶方向时，其四条边恰好各代表一个方向。秋季四边形由飞马座的三颗亮星（α、β、γ）和仙女座的一颗亮星（α）构成，十分醒目。

将四边形的东侧边线向北方天空延伸（即由飞马座γ星向仙女座α星延伸），经由仙后座，可找到北极星，沿此基线向南延伸，可找到鲸鱼座的一颗亮星（β）。

将四边形的西侧边线向南方天空延伸（即由飞马座的β星向α星延伸），在南方低空可找到秋季星空的著名亮星北落师门（南鱼座α星），沿此基线向北延伸，可找到仙王座。

从秋季四边形的东北角沿仙女座继续向东北方向延伸，可找到由三列星组成的英仙座。秋季四边形的东南面是双鱼座和很大的鲸鱼座。仙王、仙后、仙女、英仙、飞马和鲸鱼诸星座，构成灿烂的王族星座，这是秋季星空的主要星座。秋季四边形的西南面是宝瓶座和摩羯座。

秋季星空的亮星较少，但像仙女座河外星系（M31）这样的深空天体却比比皆是。

◆ 仙女座

构成仙女座这个四边形的α星是仙女座中最亮的一颗，从四边形中飞马座α星到仙女座α星的对角线，向东北方向延伸，仙女座δ、β、γ这三颗亮星（除δ是3m外，其它两颗都是2m星）几乎就在这条延长线。再往前延伸，就碰到英仙座的大陵五了。大陵五与英仙座α星还有仙女座γ星刚好构成了一个直角三角形。

这颗仙女座γ星是个双星，其中主星是颗2.3m的橙色星，伴星为5.1m的黄色星。有趣的是，这颗伴星是个“变色龙”，从黄色、金色到橙色、蓝色，简直像个高明的魔术师一样变来变去。

仙女座中最著名的天体，大概要算大星云了。在仙女座υ星附近，晴朗无月的夜晚，人们可以看到一小块青白色的云雾，这就是仙女座大星云。这个星云早在1612年就被天文学家发现了，但直到20世纪20年代，美国天文学家哈勃才彻底搞清，它和人马座中的那些星云完全是两码事，它是远在220万光年外的一个大星系，所以它的正确名称应该是“仙女座河外星系”。

仙女座河外星系的直径为17万光年，包含3000多亿颗恒星。它和银河系很相似，也是漩涡状的，也有很多变星、星团、星云等。有趣的是，在它身旁还有两个小星系，它们一起构成了一个三重星系。

◆ 飞马座

飞马座是北天星座之一，位于仙女座西南，宝瓶座以北。它的主要特征是一个很大的四方形，四方形东北角上最亮的那颗星则是属于仙女座的。这个四方形在天空的位置非常重要，因为它的每一个边代表着一个方向，看到这个四方形，就可确定东南西北四个方向。四方形的东面一条边，大体上在春分点与北天极的联线上，由这条边向南延长同样长度，便是春分点；向北延长约4倍距离，那就是北极星。四方形西面一条边向南延长约3倍距离，就到南鱼座的亮星北落师门，向北延伸约4倍距离，同样会找到北极星。

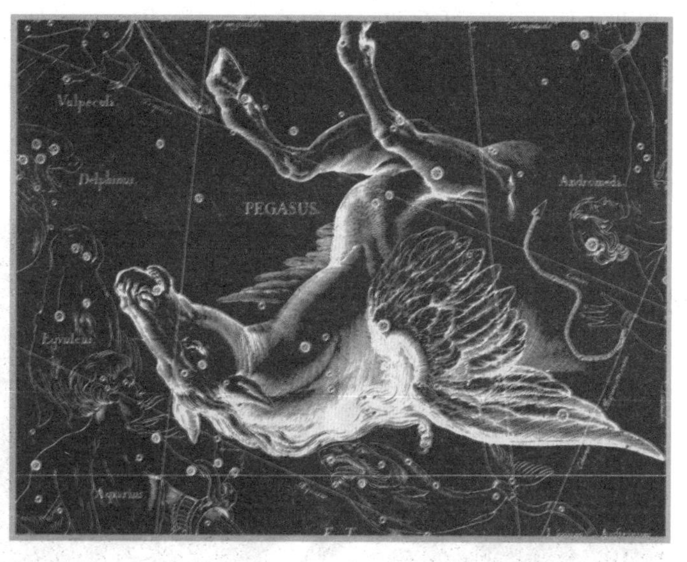

在古希腊神话故事中，当英雄珀尔修斯割下魔女墨杜萨的头时，从魔女头里流出来的血泊中，跳出一匹长翅膀的白马珀加索斯。珀尔修斯骑上这匹飞马，救出了仙女安德洛墨达。后来，这匹飞马被天神宙斯提到天上，成为飞马座。所以现在英仙座、仙女座和飞马座总是连在一起的。不要把飞马座与半人马座，人马座，小马座混淆飞马座的大四边形是秋季星空中北天区中最耀眼的星象，整个这片天区远离银河系的银盘。

◆ 英仙座

英仙座是著名的北天星座之一，每年11月7日子夜英仙座的中心经过上中天。在地球南纬31度以北居住的人们可看到完整的英仙座。英仙座位于仙后座、仙女座的东面。每年秋天的夜晚，观察者可在北天找到易见的仙后座，或者找到位于飞马星座大四方形东北方的仙女座，然后沿着银河巡视，很容易找到由几颗二到三等的星排列成一个弯弓形或“人”字形的英仙座。英仙座的拉丁语名称为Perseus，缩写为Per。

英仙座来源故事

英仙座象征希腊神话的英雄柏修斯。传说英雄珀尔修斯是天神宙斯之子。智慧女神雅典娜要他设法去取魔女墨杜萨的头，答应事后将他提升到天界。墨杜萨的头上长满毒蛇，谁看她一眼，就会变成石头。珀尔修斯在神的帮助下，脚穿有翅飞鞋，头戴隐身帽，借着青铜盾的反光，避开了她的目光，用宝刀砍下了女怪的头。然后骑着从魔女身子里跳出来的一匹飞马，离开了险境。在回来的路上，救下了公主德洛墨达，并与公主结了婚。最后她将墨杜萨的头献给了智慧女神。女神实践了她的诺言，将珀尔修斯升到天上，成为英仙座。同时，也将公主提升到天上，成为仙女座。因此，他俩在天上总是亲密相依在一起。在星空中英仙座紧临仙女座及仙后座（公主的母亲），这一大片星空叙述这个著名的希腊神话故事。NGG869及NGG884两个球状星团代表柏修斯挥剑的右手，英仙座β星（大陵五）代表美杜莎的头，提在柏修斯的左手。银河恒星较密集的部分通过此处，对使用双筒镜的人士而言，英仙座是迷人的星座。

◆ 仙王座

仙王座是拱极星座之一，全年可看见，特别是秋天夜晚更是引人注目。仙王座的拉丁文是Cepheus，它紧挨北极星，与北斗星遥遥相对。仙王座大部分沉浸在银河之中，形成一个细长而歪斜的五边形。仙王座中有许多变星，其中最引人注目的是δ星，我国古代管它叫造父一（造父是我国古代传说中一位善于驾驶马车的人）。它也是颗变星，是1784年首先发现的。造父一的变光周期非常准确，为5天8小时46分钟39秒，最亮时是3.5m，最暗时为4.4m，是典型的脉动变星。天文学家称它们为“造父变星”。

仙王座α的中文名为天钩五，视星等为2.45等。仙王座β是是一颗3.2等的脉冲变星，虽然变化很小，勉强可以用肉眼看出来。仙王座δ最亮时为3.7星等，最暗时只有4.4星等，距离地球1000光年。仙王座μ是颗3.39等的红巨星，因颜色深红而得石榴星之名。

冬季星空

◆ 猎户座

猎户座，赤道带星座之一，位于双子座、麒麟座、大犬座、金牛座天兔座，波江座与小犬座之间，其北部沉浸在银河之中。星座主体由参宿四和参宿七等4颗亮星组成一个大四边形。星座主体由参宿四和参宿七等4颗亮星组成一个大四边形。在四边形中央有3颗排成一直线的亮星，设想为系在猎人腰上的腰带，另外在这3颗星下面，又有3颗小星，它们是挂在腰带上的剑。整个形象就像一个雄赳赳站着的猎人，昂着挺胸，十分壮观，自古以来一直为人们所注目。

猎户座在猎人佩剑处，肉眼隐约可看到一个青白色朦胧的云，那是著名猎户座大星云。而在猎人腰带中左端，有一个形似马头的暗星云，就是著名的马头星云（肉眼不可见）。除这些有名的星云外，猎户座中还有许多气体星云。

猎户座座中α、γ、β和κ这四颗星组成了一个四边形，在它的中央，δ、ε、ζ三颗星排成一条直线。这是猎户座中最亮的七颗星，其中α和β星是一等星，其它全是二等星。一个星座中集中了这

么多亮星，而且排列得又是如此规则、壮丽，难怪古往今来，在世界各个国家，它都是力量、坚强、成功的象征，人们总是把它比作神、勇士、超人和英雄。

在我国三垣二十八宿中，猎户座相当于参宿、觜宿和参旗、水府等星官的位置。

◆ 御夫座

御夫座是北天星座之一，位于鹿豹座、英仙座、金牛座和双子座之间，由一个由御夫座ι、α、β、θ星和金牛座β星这五颗亮星构成的五边形，有一半浸在银河中。座内目视星等亮于6等的星有102颗，其中亮于4等的星有10颗。

御夫座五边形最南的1颗亮星（御夫座γ），是属于邻近的金牛座的。主星α星在我国古代称为“五车二”，它的视星等为0.08等，是全天第七亮星，也是离北极星最近的0等星，呈黄色。银河通过御夫座，但是与人马座相反，这里正好是银河系边缘方向，因此银河的星雾比较淡薄的。

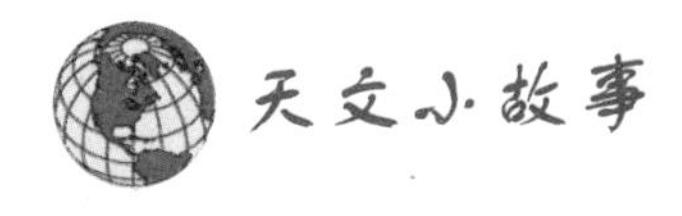

御夫座神话传说

御夫是雅典之皇埃里克托尼奥斯，他是火神赫淮斯托斯之子，养母为女神雅典娜，雅典娜教埃里克托尼奥斯各种技能，包括驯马技术，使他成为第一个能用四马御车之人，宙斯为纪念他将其置于众星中。

御夫为赫耳墨斯之子弥尔提洛斯，弥尔提洛斯替厄利斯国王奥诺玛默斯御车，奥诺玛默斯不许其女希波达墨娅与他人结婚，于是每次均要追求者与自己赛车，而输的一方只有死，由于弥尔提洛斯技术精湛，故未逢敌手，然而希波达墨娅与一追求者坦塔洛斯之子佩洛普斯堕入爱河。希波达墨娅要求弥尔提洛斯故意落败，虽然弥尔提洛斯也深爱希波达墨娅，但为成全爱人只好在车的轮子上做了手脚，结果更导致奥诺玛默斯堕车致死，希波达墨娅及佩洛普斯知道弥尔提洛斯一番苦心后，佩洛普斯恩将仇报把弥尔提洛斯抛下海，弥尔提洛斯临终前诅咒佩洛普斯，而赫耳墨斯则将其子弥尔提洛斯则升上天空。

御夫为忒修斯之子希波吕托斯，希波吕托斯拒绝其继母淮德拉的爱意，淮德拉悬梁自尽，忒修斯大怒，驱逐希波吕托斯出雅典，途中希波吕托斯发生车祸，神医阿斯克勒庇俄斯将其救回，冥皇哈得斯因失去一个亡灵而大怒，哈得斯要求宙斯用雷电劈死阿斯克勒庇俄斯报仇。

御夫座星图中御夫手抱一山羊，为母羊阿玛尔泰娅，曾在克里特岛的山洞喂哺宙斯，也有说此羊为女神阿玛尔泰娅所拥有且奇丑无比，当宙斯迎战泰坦巨人时，女神替羊披上披肩，令其看似怪兽戈耳工之头，吓退泰坦巨人。

◆ 金牛座

在猎户座西北方不远的天区，有一颗非常亮的0.86m星（在全天亮星中排第十三位），它就是金牛座α星，我国古代称它为毕宿五。

金牛座也是著名的黄道十二星座之一，而毕宿五就位于黄道附近，它和同样处在黄道附近的狮子座的轩辕十四、天蝎座的心宿二、南鱼座的北落师门等四颗亮星，在天球上各相差大约90度，正好每个季节一颗，它们被合称为黄道带的“四大天王”。

金牛座中最有名的天体，就是“两星团加一星云”。

连接猎户座γ星和毕宿五，向西北方延长一倍左右的距离，有一个著名的疏散星团——昴星团。眼力好的人，可以看到这个星团中的七颗亮星，所以我国古代又称它为“七簇星”。昴星团距离地球417光年，它的直径达13光年，用大型望远镜观察，可以发现昴星团的成员有280多颗星。

金牛座ζ星的附近，有一个著名的大星云，英国的一位天文学家根据它的形状把它命名为“蟹状星云”。

第五章
中外天文学家

天文学的起源可以追溯到人类文化的萌芽时代。远古时代，人们为了指示方向、确定时间和季节，而对太阳、月亮和星星进行观察，确定它们的位置、找出它们的变化规律，并据此编制历法。从这一点上来说，天文学是最古老的自然科学学科之一。

18、19世纪，经典天体力学达到了鼎盛时期。同时，由于分光学、光度学和照相术的广泛应用，天文学开始朝着深入研究天体的物理结构和物理过程发展，诞生了天体物理学。20世纪现代物理学和技术高度发展，并在天文学观测研究中找到了广阔的用武之地，使天体物理学成为天文学中的主流学科，同时促使经典的天体力学和天体测量学也有了新的发展，人们对宇宙及宇宙中各类天体和天文现象的认识达到了前所未有的深度和广度。

天文学始终是哲学的先导，它总是站在争论的最前列。作为一门基础研究学科，天文学在不少方面是同人类社会密切相关的。时间、昼夜交替、四季变化的严格规律都须由天文学的方法来确定。人类已进入空间时代，天文学为各类空间探测的成功进行发挥着不可替代的作用。天文学也为人类和地球的防灾、减灾作着自己的贡献。天文学家也将密切关注灾难性天文事件——如彗星与地球可能发生的相撞，及时作出预防，并作出相应的对策。本章将为大家介绍古今中外著名的天文学家，从他们的成就到他们的逸闻趣事，力求让大家了解天文学家。

中国天文学家

◆ 甘德与石申

甘德，战国时楚国人。石申，战国时期魏国人。经过长期的天

象观测，甘德与石申各自写出一部天文学著作。后人把这两部著作结合起来，称为《甘石星经》，是现存世界上最早的天文学著作。书里记录了八百颗恒星的名字，其中一百二十一颗恒星的位置已被测定，是世界最早的恒星表。书里还记录了木、火、土、金、水等五大行星的运行情况，并指出了它们出没的规律。

石申与甘德在战国秦汉时影响很大，形成并列的两大学派。石申的著作，在西汉以后被尊称为《石氏星经》。汉、魏以后，石氏学派续有著述，这些书都冠有“石氏”字样，如《石氏星经簿赞》等。三国时代，吴太史令陈卓总合石氏、甘氏、巫咸（殷商时代的天文学家）三家星官，构成283官、1464星的星座体系，从此以后，出现了

综合三家星宫的占星著作，其中有一种称为《星经》，又称为《通占大象历星经》，曾收入《道藏》。

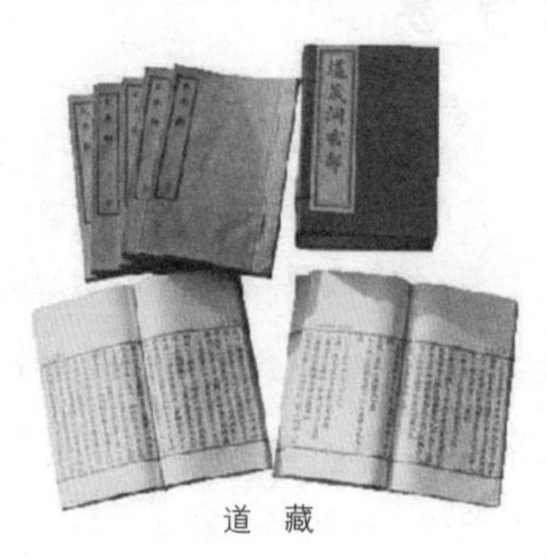

道　藏

该书在宋代称《甘石星经》，托名为“汉甘公、石申著”，始见于晁公武《郡斋读书志》的著录，流传至今。书中包括巫咸这一家的星官，还杂有唐代的地名，因此不能看作是石申与甘德的原著。

◆ 张　衡

张衡（78—139年），字平子，南阳西鄂（今河南南阳县石桥镇）人。他是我国东汉时期伟大的天文学家，为我国天文学的发展作出了不可磨灭的贡献；在数学、地理、绘画和文学等方面，张衡也表现出了非凡的才能和广博的学识。

张衡是东汉中期浑天说的代表人物之一，他指出月球本身并不发光，月光其实是日光的反射；他还正确地解释了月食的成因，并且认识到宇宙的无限性和行星运动的快慢与距离地球远近的关系。

张衡观测记录了两千五百颗恒星，创制了世界上第一架能比较准确地表演天象的漏水转浑天仪，第一架测试地震的仪器——候风地动仪，还制造出了指南车、自动记里鼓车、飞行数里的木鸟等等。

张衡共著有科学、哲学、和文学著作三十二篇，其中天文著作有《灵宪》和《灵宪图》等。

为了纪念张衡的功绩，人们将月球背面的一环形山命名为“张衡环形山”，将小行星1802命名为“张衡小行星”。

20世纪中国著名文学家、历史学家郭沫若对张衡的评价是：“如此全面发展之人物，在世界史中亦所罕见，万祀千龄，令人景仰。”

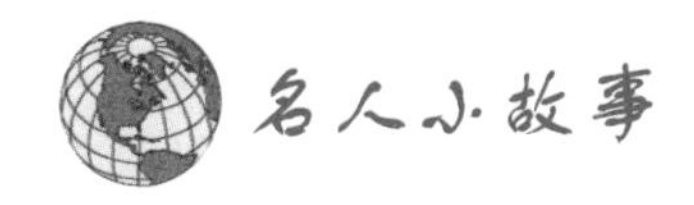

张衡的故事

张衡是东汉时候杰出的科学家。他从小就爱想问题，对周围的事物，总要寻根究底，弄个水落石出。

在一个夏天的晚上，张衡和爷爷、奶奶在院子里乘凉。他坐在一张竹床上，仰着头，呆呆地看着天空，还不时举手指指划划，认真地数星星。

张衡对爷爷说："我数的时间久了，看见有的星星位置移动了，原来在天空的，偏到西边去了。有的星星出现了，有的星星又不见了。它们不是在跑动吗？"

爷爷说道："星星确实是会移动的。你要认识星星，先要看北斗星。你看那边比较明亮的七颗星，连在一起就像烫衣服的熨斗，很容易找到……"

"噢！我找到了！"小张衡很兴奋又问："那么，它是怎样移动的呢？"

爷爷想了想说："大约到半夜，它就移到地平线上，到天快亮的时候，这北斗就翻了一个身，倒挂在天空……"

这天晚上，张衡一直睡

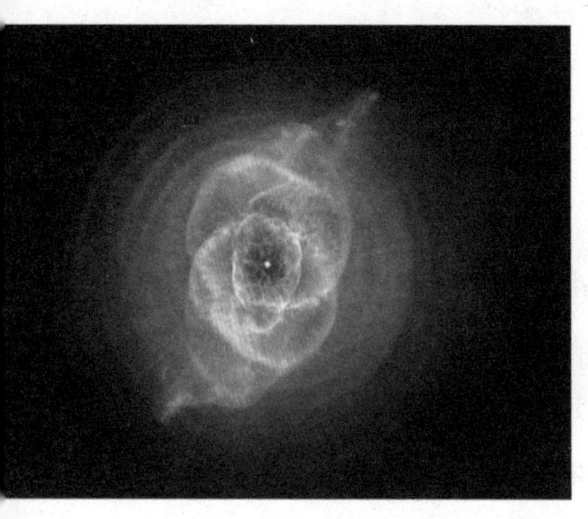

不着，多次起来看北斗星。夜深人静，当他看到那闪烁而明亮的北斗星时，果然倒挂着，他十分高兴。他想：这北斗为什么会这样转来转去，是什么原因呢？天一亮，他便赶去问爷爷，谁知爷爷也讲不清楚。于是，他带着这个问题，读天文书去了。

后来，张衡渐渐长大，皇帝得知他文才出众，把张衡召到京城洛阳担任太史令，主要是掌管天文历法的事情。

为了探明自然界的奥秘，年轻的张衡常常一个人关在书房里读书、研究，还常常站在天文台上观察日月星辰。他想，如果能制造出一种仪器，能够上观天、下察地、预报自然界将要发生的情况，这对人们预防灾害，揭穿那些荒诞的迷信鬼话，该是多么好啊！

于是，张衡把从书本中和观察到的材料，进行分析研究，开始了试制“观天察地”仪器的工作。他把研究的心得先写成一本书，叫做《灵宪》。在这本书里，他告诉人们：天是球型的，像个鸡蛋，天就像鸡蛋壳，包在地的外面，地就像蛋黄，就叫做“浑天说”。

◆ 僧一行

一行（683—727年），俗名张遂，魏州昌乐（今河南省南乐县）人，唐代高僧和杰出的天文学家。

为了观测天象，一行与机械制造家梁令瓒合作，创制出了黄道游仪和水运浑象。在掌握大量实测资料的基础上，一行重新测定了150多颗恒星的位置，发现古籍上所载的这些恒星位置与实际位置不符。

从开元十二年（公元724年）起，一行主持了规模宏大的天文大地测量，全国十二个观测站中，以南宫说等人在河南所作的一组观测最有成就，经一行测算，得到了子午线一度的长，这是世界上首次子午线实测。

从开元十三年（公元725年）起，一行历经两年时间编制成《大衍历》（初稿）二十卷，纠正了过去历法中把全年平均分为二十四节气的错误，是我国历法上的一次重大改革。

一行还编写了《开元大衍历》《七政长历》《易论》《心机算术》《宿曜仪轨》《七曜星辰别行法》《北斗七星护摩法》等。为了纪念一行的功绩，人们将小行星1972命名为“一行小行星”。

◆ 沈　括

沈括（1031—1095年），字存中，北宋杭州钱塘（今浙江杭州）人，嘉祐进士，初任宁国县令等职。参与王安石变法，官至翰林学士。后知延州（今陕西延安）加强对西夏的防御。变法失败后被贬职，晚年居润州（今江苏镇江），筑梦溪园，举平生见闻，撰《梦溪笔谈》。沈括博学多才，有不少杰出成就，所创“十二气历”是世界上第一个提出太阳历和农历相结合的历法；数学方面，创立“隙积术”（二阶等差级数的求和法）、“会圆术”（已知圆的直径和弓形的高，求弓形的弦和弧长的方法）；由雁荡等山的地形，认识了水的侵蚀作用；从太行山岩石中海洋生物的遗迹，推知山以东的陆地

原为海洋；在世界上最先发现“磁偏角”；最先提出“石油”的命名等等。医学方面著《灵苑方》和《良方》十卷。传世著作尚有《长兴集》。使辽所撰《乙卯入国奏请》《入国别录》，在《续资治通鉴长编》中还保存一部分。

当代英国著名科技史专家李约瑟曾这样评价说沈括是“中国整部科学史中最卓越的人物”。他积一生之心血写出的《梦溪笔谈》，书中包罗万象、独有创见，被称做“中国科学史上的里程碑”。

沈括知识渊博，天文地理、数理化、医药以及文学艺术，无不通晓。他在科学研究上涉猎范围之广，见解之精辟，都是同时代人所望尘莫及的，他从事的许多项目都代表了时代的水平，具有世界意义。在天文学方面，沈括制定了《奉元历》，制造了新的天文仪器，把天文研究又推向一个新的高峰。此外，最突出的贡献是他发明了“十二气历”。

按中国古代历法，阴历和阳历每年相差11天多，古人虽采用置闰的办法加以调整，但是很难做到天衣无缝。沈括经过周密的考察研究，提出了一个相当大胆的主张：废除阴历，采用阳历，以节气定

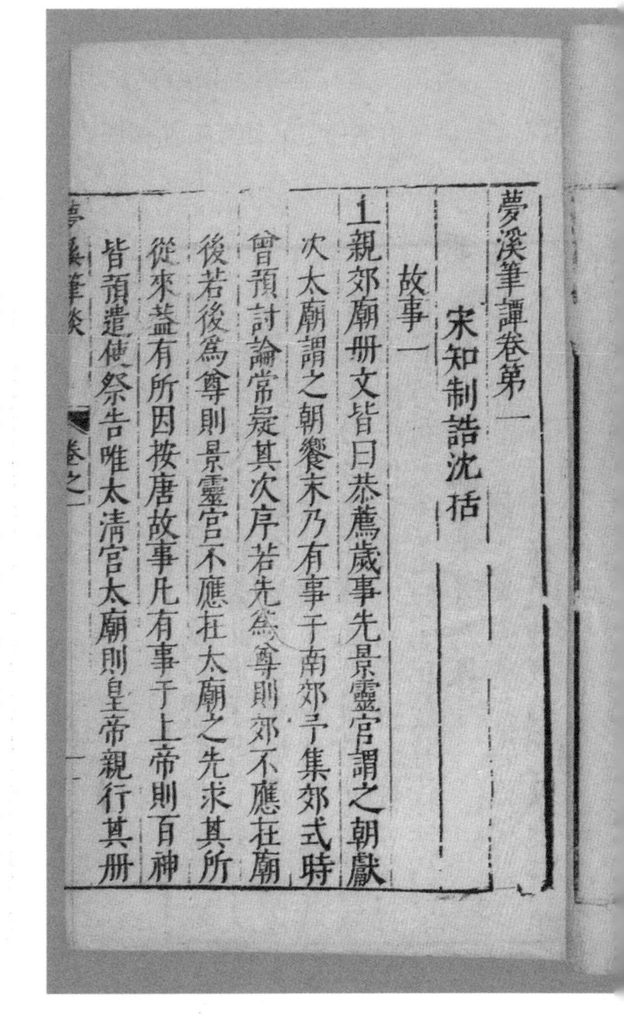

夢溪筆談卷第一

宋知制誥沈括

故事一

上親郊廟冊文皆曰恭薦歲事先景靈宮謂之朝獻次太廟謂之朝饗末乃有事于南郊予集郊式時曾預討論常疑其次序若先為尊則郊不應在廟後若後為尊則景靈宮不應在太廟之先求其所從來蓋有所因按唐故事凡有事于上帝則百神皆預遣使祭告唯太清宮太廟則皇帝親行其冊

夢溪筆談　卷之一　一

月，大月31日，小月30日。这种历法当然是比较科学的，对于农民从事春耕、夏种、秋收、冬藏十分有利，然而却因否定了老祖宗的“经义”而受到上层统治阶级的抵制，迟迟未能推行。然而科学最终一定会战胜愚昧，在沈括之后 900年，英国气象局使用了以节气定月的“萧伯纳历”。如今，沈括所提倡的阳历法的基本原理，已为世界各国接受。

沈括晚年退出政坛，隐居在江苏镇江朱方门外竹影摇动、溪水潺潺的梦溪园，潜心笔耕，写出了伟大的科学巨著《梦溪笔谈》。这是一部反映当时科技发展最新成就、内容丰富的著作，充分显示了作者的博学多闻和旷世才华。书中涉及

夢溪筆談卷十九 二

蔦士全砦為鉦砦即古落字也此部落之
落士全部將名耳鉦中間鑄一物有角羊
頭其身亦如篆文如今時術士所畫符傍
有兩字乃大篆飛廉字篆文亦古怪則鉦
間所圖盖飛廉也飛廉神獸之名淮南轉
運使韓持正亦有一鉦所圖飛廉及篆字
與此亦同以此驗之則黃目疑亦是一物
飛廉之類其形狀如字非字如畫非畫恐
古人別有深理大底先王之器皆不苟為
昔夏后鑄鼎以知神姦殆亦此類恨未能

夢溪筆談卷十九 三

深究其理必有所謂或曰禮圖樽彝皆以
木為之未聞用銅者此亦未可質如今人
得古銅樽者極多安得言無如禮圖瓮以
瓦為之左傳却有瑤瓮律以竹為之晉時
舜祠下乃發得玉律此亦無常法如蒲穀
璧禮圖悉作草稼之象今世人發古冢得
蒲璧乃刻文蓬蓬如蒲花敷時穀璧如粟
粒耳則禮圖亦未可為據
禮書言罍畫雲雷之象然莫知雷作何狀今
祭器中畫雷有作鬼神伐鼓之象此甚不

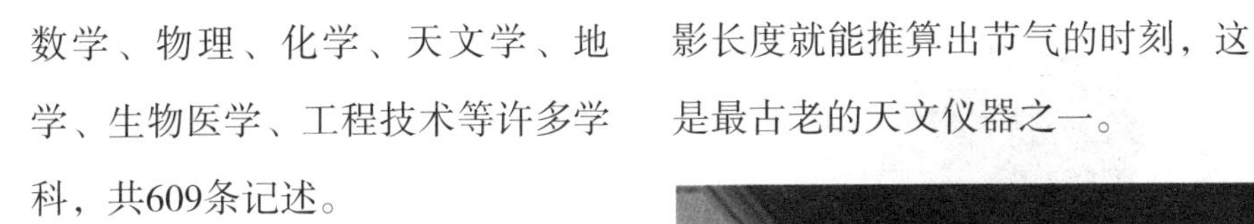

数学、物理、化学、天文学、地学、生物医学、工程技术等许多学科，共609条记述。

公元 1097 年，65 岁的沈括走完了他光辉人生的最后里程，但是，他魂萦梦绕的科学事业，却依旧在不停地向前延伸。

◆ 郭守敬

郭守敬（1231—1316年）是我国元朝时期的著名天文学家之一，也是中国古代最有成就的科学家。

公元1271年元王朝建立，准备颁行全国统一的历法。为了精确汇集天文数据，以备制定新的历法，郭守敬花了两年时间，精心设计制造了一整套天文仪器，共13件，其中最有创造性的有3件：高表及其辅助仪器、简仪和仰仪。

高表是古代圭表的发展。表是一根直立在地面上的标竿或石柱，圭是从表的底端水平地伸向正北方的一条石板。每天太阳“走”到正南方时，表影落在圭面上。量度表影长度就能推算出节气的时刻，这是最古老的天文仪器之一。

郭守敬的简仪是中国传统浑仪的发展，这种结构，欧洲到18世纪才采用。仰仪是个中空的半球面，形状像口锅，锅沿刻有方位，锅里刻有与观测地纬度相当的赤道座标网。锅口架一小板，板上有孔，孔的位置正在球面的中心。太阳光通过小孔形成一个倒落在锅里的像，由此读出太阳的座标和该地的真太阳时刻。仰仪还可以用来观测日食，读出日食的时刻、方位和食分等等。郭守敬还发明了许多其他观测器具。

郭守敬根据观测的结果，于公元1280年3月制订了一部准确精密的新历法《授时历》。这部新历法设定一年为365.2425天，比地球绕太阳一周的实际运行时间只差26秒。欧洲的著名历法《格里历》也规定一年为365.2425天，但是《格里历》是公元1582年开始使用的，比郭守敬的《授时历》晚了整整300年。郭守敬在天文历法方面的著作有14种，共计105卷。郭守敬

是中国古代成就突出的科学家，直到很晚，世界各国的科学界才逐渐了解他。

◆ 徐光启

徐光启（1562—1633年），字子光，号元扈，谥文定，上海徐家汇（今属上海市）人，他是明末著名的科学家，第一个把欧洲先进的科学知识，特别是天文学知识介绍到中国，可谓我国近代科学的先驱者。

徐光启在天文学上的成就主要是主持历法的修订和《崇祯历书》的编译。

编制历法在中国古代乃是关系到“授民以时”的大事，为历代王朝所重视。由于中国古代数学历来以实际计算见长，重视和历法编制之间的关系，因此中国古代历法准确的程度是比较高的。但是到了明末，却明显地呈现出落后的状态。一方面是由于西欧的天文学此时有了飞速的进步，另方面则是明

王朝长期执行不准私习天文，严禁民间研制历法政策的结果。明沈德符《万历野获编》所说“国初学天

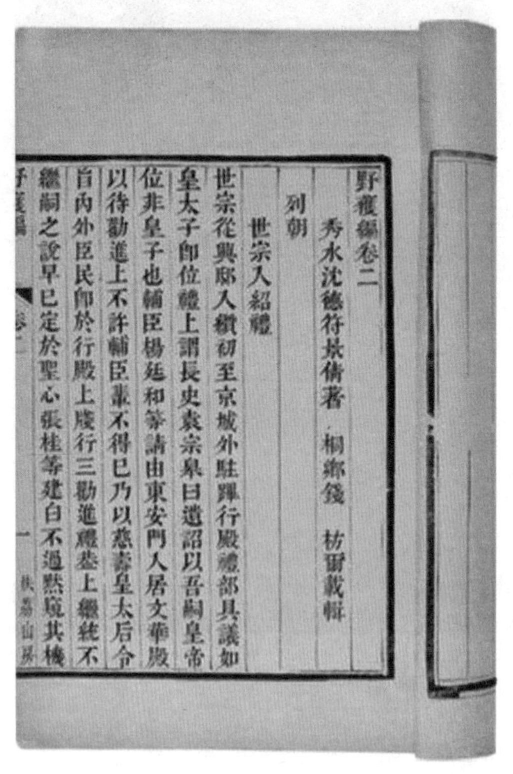
野獲編卷二
秀水沈德符景倩著　桐鄉錢　枋頫載輯
列朝
世宗入紹禮
世宗從興邸入纘初至京城外駐蹕行殿禮部具議如
皇太子即位禮上謂長史袁宗皋曰遺詔以吾嗣皇帝
位非皇子也輔臣楊廷和等請由東安門入居文華殿
以待勸進上不許輔臣輩不得已乃以慈壽皇太后令
旨內外臣民即於行殿上牋行三勸進禮恭上繼統不
繼嗣之說早已定於聖心張桂等建白不過默窺其機
野獲編　卷二　一　扶荔山房

文有历禁，习历者遣戍，造历者殊死”，指的就是此事。

明代施行的《大统历》，实际上就是元代《授时历》的继续，日久天长，已十分不准。据《明史·历志》记载，自成化年间开始（1481年）陆续有人建议修改历法，但建议者不是被治罪便是以“古法未可轻变”“祖制不可改”为由遭到拒绝。万历三十八年（1610年）十一月日食，司天监再次预报错误，朝廷决定由徐光启与传教士等共同译西法。供邢云路修改历法时参考，但不久又不了了之。直至崇祯二年五月朔日食，徐光启以西法推算最为精密，礼部奏

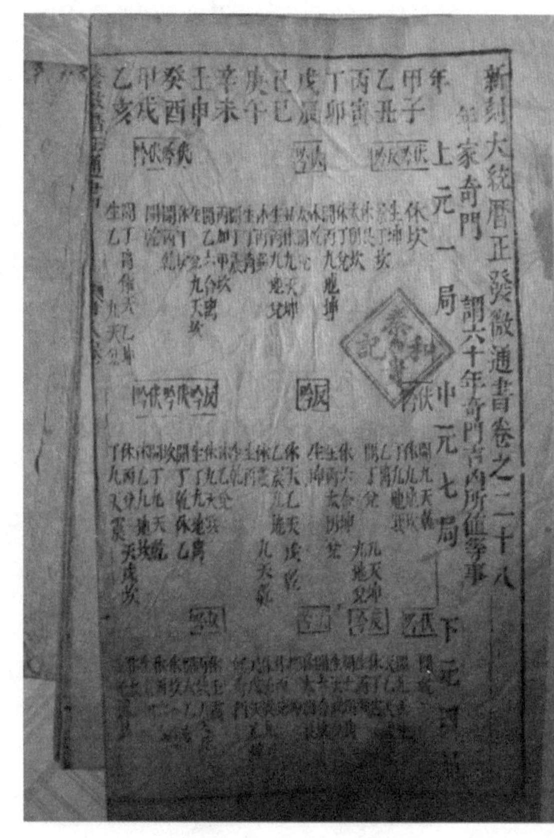
新刻大統曆正縣微通書卷之二十八
年家奇門
謂六十年奇門吉凶所值等事
甲子　乙丑　丙寅　丁卯　戊辰　己巳　庚午　辛未　壬申　癸酉　甲戌　乙亥
上元一局
中元七局
下元四局

请开设历局。以徐光启督修历法，改历工作终于走上正轨，但后来满清侵入中原，改历工作在明代实际并未完成。

当时协助徐光启进行修改历法的中国人有李之藻、李天经等，外国传教士有龙华民、庞迪峨、熊三拔、阳玛诺、艾儒略、邓玉函、汤若望等。

徐光启在天文历法方面的成就，主要集中于《崇祯历书》的编译和为改革历法所写的各种疏奏之中。《崇祯历书》的编译，自崇祯四年（1631年）起直至十一年（1638年），最终完成。全书46种，137卷，是分五次进呈的。前三次乃是徐光启亲自进呈（23种，75卷），后二次都是徐光启死后由李天经进呈的。其中第四次还是徐光启亲手订正（13种，30卷），第五次则是徐氏“手订及半”最后由李天经完成的（10种，32卷）。

徐光启“释义演文，讲究润色，校勘试验”，负责《崇祯历

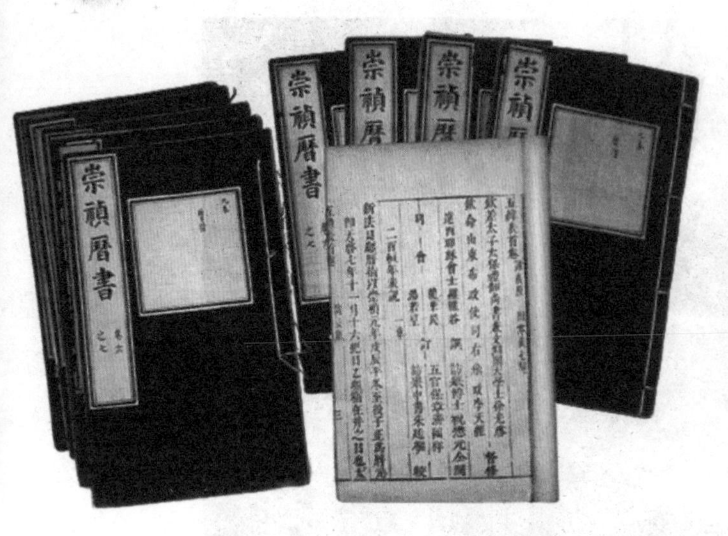

书》全书的总编工作，此外还亲自参加了其中《测天约说》《大测》《日缠历指》《测量全义》《日缠表》等书的具体编译工作。

《崇祯历书》采用的是第谷体系。这个体系认为地球仍是太阳系的中心，日、月和诸恒星均作绕地运动，而五星则作绕日运动。这比传教士刚刚到达中国时由利玛窦所介绍的托勒玫体系稍有进步，但对当时西方已经出现的更为科学的哥白尼体系，传教士则未予介绍。《崇祯历书》仍然用本轮、均轮等一套相互关联的圆运动来描述、计算日、月、五星的疾、迟、顺、逆、留、合等现象。对当时西方已有的更为先进的行星三大定律（开普勒三定律），传教士也未予介绍。尽管如此，按西法推算的日月食精确程度已较中国传统的《大统历》为高。

此外《崇祯历书》还引入了大地为球形的思想、大地经纬度的计算及球面三角法，区别了太阳

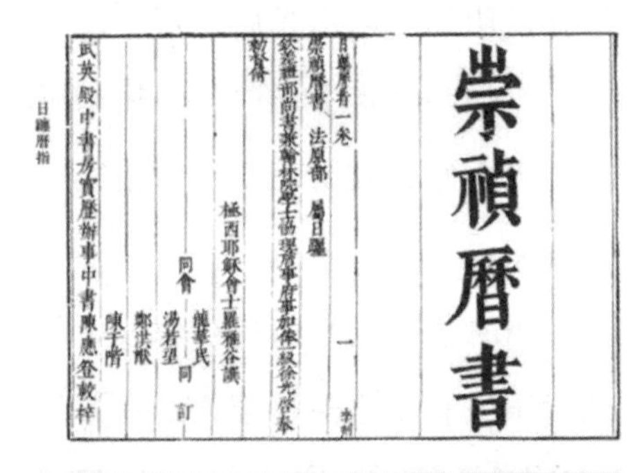
崇禎曆書

日躔曆指叙目

三九

近（远）地点和冬（夏）至点的不同，采用了蒙气差修正数值。

在天文历法上，徐光启介绍了古代托勒玫旧地心说和以当代第谷的新地心说为代表的欧洲天文知识，会通当时的中西历法，主持编译了《崇祯历书》。在历书中，他引进了圆形地球的概念，明晰地介绍了地球经度和纬度的概念。他为中国天文界引进了星等的概念；根据第谷星表和中国传统星表，提供了第一个全天性星图，成为清代星表的基础；在计算方法上，徐光启引进了球面和平面三角学的准确公式，并首先作了视差、蒙气差和时差的订正。

◆ 余青松

中国天文学家，1897年9月4日生于福建同安，1978年10月30日卒于美国马里兰州。1918年赴美国里海大学攻读土木建筑学，获学士学位。此后在美国匹兹堡大学攻读天文学，1923年获该校硕士学位。1926年在利克天文台获博士学位，1927年回国任厦门大学教授，1929年任中央研究院天文研究所所长。1947年任加拿大多伦多大学教授，后来到美国哈佛大学天文台工作，1955年任美国马里兰州胡德学院教授兼该院威廉斯天文台台长，1967年退休。1926年在美国时，他对A型星光谱中氢原子的连续吸收作了深入研究，提出了测定A型星绝对星等的一种新方法。1927年回国后的几年中，发表了有关Be型星的紫外辐射、双子座ζ星的光谱变化、恒星光谱的光度研究等课题的多篇论文。1929年任天文研究所所长后，创建了南京紫金山天文台。1938年因抗日战争，

他主持该台的内迁工作，并在昆明东郊建成了昆明凤凰山天文台。

◆ **张钰哲**

张钰哲是福建闽侯人，中国科学院紫金山天文台首任台长，著名天文学家。他致力于小行星和彗星的观测和轨道计算工作，近40年来有过8000～9000次对小行星的成功观测，陆续发现了近1000颗星表上没有编号的小行星，其中约100颗多次被观测到，得到了国际上的永久编号和命名权。1978年，国际小行星中心宣布，将第2051号小行星定名为“张”（chang）。

◆ **叶叔华**

叶叔华，女，原籍广东顺德，生于广东广州，1949年毕业于中山大学。中国科学院上海天文台研究员，1981～1993年任台长。20世纪50～70年代建立并发展了中国的综合世界时系统，在各天文单位的合作下该系统精度从1963 年起一直保持国际先进水平。1978年以来组织中国各天文台参加国际地球自转联测并推进有关新技术在中国的建立，负责中国甚长基线射电干涉网的建设。90年代开拓天文地球动力学研究，负责“现代地壳运动和地球动力学研究”攀登项目，发起“亚太空间地球动力学”国际合作项目，1996年担任首届主席，1985年当选为英国皇家天文学会外籍会员。1988～1994年当选为国际天文学联合会副主席。1980年当选为中国科学院院士（学部委员）。

外国天文学家

◆ 依巴谷

依巴谷（公元前146—公元前127年），古希腊天文学家，他的功绩包括追踪太阳在天空中的运行路径。通过观测室女座中的角宿

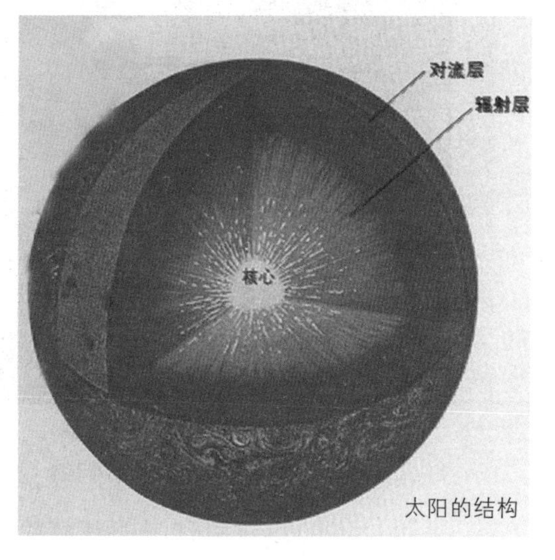

太阳的结构

一，他发现了分点的岁差（恒星经过几世纪造成的位移）。他也将太阳年的计算精确到实际长度的7分钟之内，并估算出太阳和月亮到地球的距离。在他去世后的几个世纪中，他的研究成果都未遇到挑战。他于公元前129年完成的850颗恒星目录在1800年以后还在使用。

传说中的依巴谷视力非常

好，第一个发现巨蟹座的M44蜂巢星团。依巴谷利用自制的观测工具，并创立三角学和球面三角学，

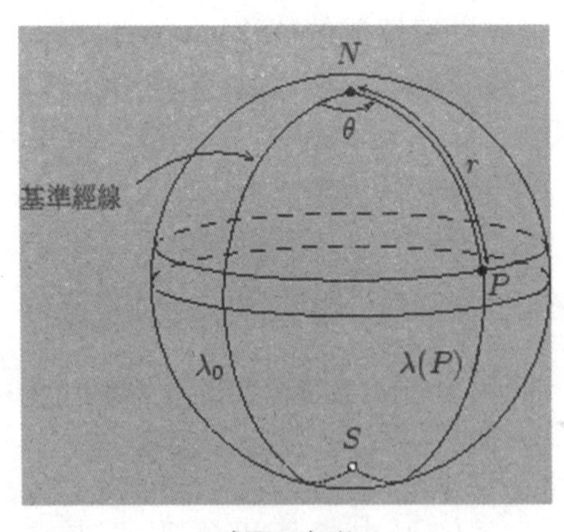

球面三角学

测量出地球绕太阳一圈所花的时间约365.25-1/300天，与正确值只相差六分钟；他更算出一个朔望月周期为29.53058天，与现今算出的29.53059天十分接近。西元前130年，依巴谷发现地球轨道不均匀，夏至离太阳较远，冬至离太阳较进。依巴谷制定了星等，质疑亚里士多德星星不生不灭的理论，并制造了西方第一份星表，发现岁差。

◆ 克罗狄斯·托勒密

克罗狄斯·托勒密，古希腊地理学家、天文学家、数学家。他

长期进行天文观测，一生著述甚多，其中《天文学大成》（又称《大综合论》13卷）主要论述了他所创立的地心说，认为地球是宇宙的中心，且静止不动，日、月、行星和恒星均围绕地球运动。他是世界上第一个系统研究日月星辰的构成和运动方式并作出成就的科学家。此书被尊为天文学的标准著作，直到16世纪哥白尼的日心说发表，地心说才被推翻。另一重要著作《地理学指南》主要论述地球的形状、大小、经纬度的测定，以及地图的投影方法，是古希腊有关数理地理知识的总结。书中附有27幅世界地图和26幅区域图，后人称之为托勒密地图。他制造了供测量经纬度用的类似中国浑天仪的仪器和角距仪；通过系统的天文观测，编有包括1028颗恒星的位置表；测算出月球到地球的平均距离为29.5倍于地球直径，这个数值在古代是相当精确的。

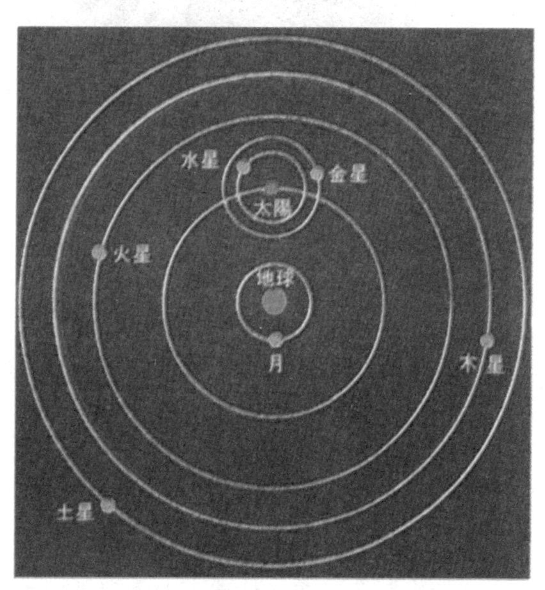

托勒密的地心体系

◆ 哥白尼

哥白尼（1473—1543年），波兰天文学家，日心说创立者，近代

天文学的奠基人。

哥白尼经过长期的天文观测和研究，创立了更为科学的宇宙结构体系——日心说，从此否定了在西方统治达一千多年的地心说。日心说经历了艰苦的斗争后，才为人们所接受，这是天文学上一次伟大的革命，不仅引起了人类宇宙观的重大革新，而且从根本上动摇了欧洲中世纪宗教神学的理论支柱。“从此自然科学便开始从神学中解放出来”“科学的发展从此便大踏步前进”（恩格斯《自然辩证法》）。

哥白尼著有阐述日心说的《天体运行论》（1543年出版），由于受到时代的局限，在日心说中保留了所谓“完美的”圆形轨道等论点。其后开普勒建立行星运动三定律，牛顿发现万有引力定律，以及行星光行差、视差相继发现，日心说遂建立在更加稳固的科学基础上。

日心说

◆ 伽利略

伽利略·伽利雷（1564—1642年），意大利著名数学家、物理学家、天文学家、科学家和哲学家，近代实验科学的先躯者。

1590年，伽利略在比萨斜塔上做了“两个球同时落地”的著名实验，从此推翻了亚里士多德“物体下落速度和重量成比例”的学说，纠正了这个持续了1900年之久的错误结论。

但是伽利略在比萨斜塔做实验的说法后来被严谨的考证否定了。尽管如此，来自世界各地的人们都要前往参观，他们把这座古塔看做伽利略的纪念碑。

1609年，伽利略创制了天文望远镜（后被称为伽利略望远镜），并用来观测天体，他发现了月球表面的凹凸不平，并亲手绘制了第一幅月面图。1610年1月7日，伽利略发现了木星的四颗卫星，为哥白尼学说找到了确凿的证据，标志着哥白尼学说开始走向胜利。借助于望远镜，伽利略还先后发现了土星光环、太阳黑子、太阳的自转、金星和水星的盈亏现象、月球的周日和周月天平动，以及银河是由无数恒星组成等等。这些发现开辟了天文学的新时代。

伽利略著有《星际使者》《关于太阳黑子的书信》《关于托勒密和哥白尼两大世界体系的对话》和《关于两门新科学的谈话和数学证明》等书。

为了纪念伽利略的功绩，人们把木卫一、木卫二、木卫三和木卫四命名为伽利略卫星。

人们争相传颂：“哥伦布发现了新大陆，伽利略发现了新宇宙”。

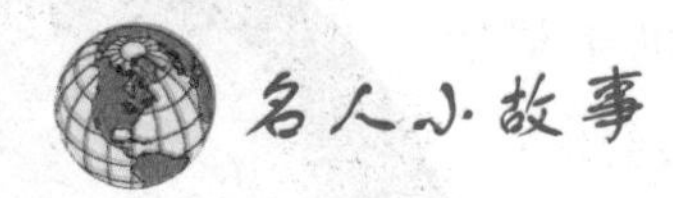

伽利略的故事

伽利略1564年生于意大利的比萨城，他的父亲是个破产贵族。当伽利略来到人世时，他的家庭已经很穷了。17岁那一年，伽利略考进了比萨大学。在大学里，伽利略不仅努力学习，而且喜欢向老师提出问题。哪怕是人们司空见惯、习以为常的一些现象，他也要打破砂锅问到底，弄个一清二楚。

（1）眼睛盯着天花板

有一次，他站在比萨的天主教堂里，眼睛盯着天花板，一动也不动。他在干什么呢？原来，他用右手按左手的脉搏，看着天花板上来回摇摆的灯。他发现，这灯的摆动虽然是越来越弱，以至每一次摆动的距离渐渐缩短，但是，每一次摇摆需要的时间却是一样的。于是，伽利略做了一个适当长度的摆锤，测量了脉搏的速度和均匀度。从这

里，他找到了摆的规律。钟就是根据他发现的这个规律制造出来的。

（2）失学了就努力自学

家庭生活的贫困，使伽利略不得不提前离开大学。失学后，伽利略仍旧在家里刻苦钻研数学。由于他不断努力，在数学的研究中取得了优异的成绩。同时，他还发明了一种比重秤，写了一篇论文，题目为《固体的重心》。此时，21岁的伽利略已经名闻全国，人们称他为“当代的阿基米德”。在他25岁那年，比萨大学破例聘他当了数学教授。

（3）举世闻名的落体实验

在伽利略之前，古希腊的亚里士多德认为，物体下落的快慢是不一样的。它的下落速度和它的重量成正比，物体越重，下落的速度越快。比如说，10千克重的物体，下落的速度要比1千克重的物体快10倍。

1700多年前以来，人们一直把这个违背自然规律的学说当成不可怀疑的真理。年轻的伽利略根据自己的经验推理，大胆地对亚里士多德的学说提出了疑问。经过深思熟虑，他决定亲自动手做一次实验。他选择了比萨斜塔作实验场。这一天，他带了两个大小一样但重量不等的铁球，一个重100磅，是实心的；另一个重1磅，是空心的。伽利略站在比萨斜塔上面，望着塔下。塔下面站满了前来观看的人，大家议论纷纷。有人讽刺说：“这个小伙子的神经一定是有病了！亚里士多德的理论不会有错的！”实验开始了，伽利略两手各拿一个铁球，大声喊道：“下面的人们，你们看清楚，铁球就要落下去了。”说完，他把两手同时张开。人们看到，两个铁球平行下落，几乎同时落到了地面上，所有的人都目瞪口呆了。伽伸利略的试验，揭开了落体运动的秘密，推翻了亚里士多德的学说。这个实验在物理学的发展史上具有划时代的重要意义。

（4）制成了第一架望远镜

哥白尼是波兰杰出的天文学家，他经过40年的天文观测，提出了“日心说”的理论。他认为宇宙的中心是

太阳，而不是地球。地球是一个普通的行星，它在自转的同时还环绕太阳公转。伽利略很早就相信哥白尼的“日心说”。1608年6月的一天，伽利略找来一段空管子，一头嵌了一片凸面镜，另一头嵌了一片凹面镜，做成了世界上第一个小天文望远镜。实验证明，它可以把原来的物体放大3倍。伽利略没有满足，他进一步改进，又做了一个。他带着这个望远镜跑到海边，只见茫茫大海波涛翻滚，看不见一条船。可是，当他拿起望远镜往远处再看时，一条船正从远处向岸边驶来。实践证明，它可以放大8倍。伽利略不断地改进和制造着，最后，他的望远镜可以将原物放大32倍。

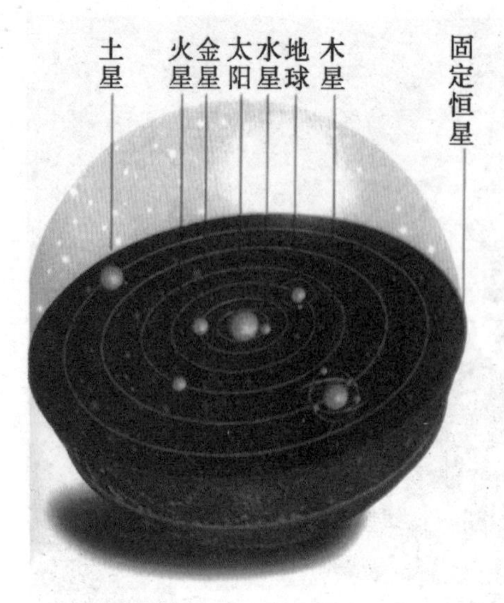

（5）证实哥白尼的“日心说”

每天晚上，伽利略都有用自己的望远镜观看月亮。他看到了月亮上的高山、深谷，还有火山的裂痕。后来又开始观看太空，探索宇宙的奥秘。他发现，银河是由许多小星星汇集而成的。他还发现，太阳里面有黑斑，这些黑斑的位置在不断地变化。因此他断定，太阳本身也在自转。伽利略埋头观察，以无可辩驳的事实，证明地球在围着太阳转，而太阳不过是一个普通的恒星，从而证明了哥白尼学说的正确。1610年，伽利略出版了著名的《星空使者》。人们佩服地说：“哥伦布发现了新大陆，伽利略发现了新宇宙。”

◆ 哈　雷

埃德蒙·哈雷（1656—1742年），英国天文学家和数学家。哈雷生逢以新思想为基础的科学革命时代，1673年进牛津大学王后学院。1676年到南大西洋的圣赫勒纳岛测定南天恒星的方位，完成了载有341颗恒星精确位置的南天星表，记录到一次水星凌日，还作过大量的钟摆观测（南半球钟摆旋转的方向与北半球相反）。

1678年哈雷被选为皇家学会成员，并荣获牛津大学硕士学位。1684年，他到剑桥向牛顿请教行星运动的力学解释，在哈雷研究取得进展的鼓舞下，牛顿扩大了他对天体力学的研究。

哈雷具有处理和归算大量数据

的才能，1686年，他公布了世界上第一部载有海洋盛行风分布的气象

图，1693年，发布了布雷斯劳城的人口死亡率表，首次探讨了死亡率和年龄的关系，1701年，他根据航海罗盘记录，出版了大西洋和太平洋的地磁图，1704年，他晋升为牛津大学几何学教授。

1705年，哈雷出版了《彗星天文学论说》,书中阐述了1337-1698年出现的24颗彗星的运行轨道，他指出，出现在1531、1607和1682年的三颗彗星可能是同一颗彗星的三次回归，并预言它将于1758年重新出现，这个预言被证实了，这颗彗星也得到了名字为哈雷彗星。1716年他设计了观测金星凌日的新方

法，希望通过这种观测能精确测定太阳视差并由此推算出日地距离，1718年，哈雷发表了认明恒星有空间运动的资料。1720年继任为第二任格林威治天文台台长。

哈雷还发现了天狼星、南河三

和大角这三颗星的自行，以及月球长期加速现象。

◆ 康　德

康德（1724—1804年），德国哲学家、天文学家、星云说的创立者之一、德国古典唯心主义创始人。

1754年，康德发表了论文《论地球自转是否变化和地球是否要衰老》，对“宇宙不变论”大胆提出怀疑。

1755年，康德发表《自然通史和天体论》一书，首先提出太阳系起源星云说。康德在书中指出：太阳系是由一团星云演变来的。这团星云由大小不等的固体微粒组成，“天体在吸引力最强的地方开始形成”，引力使微粒相互接近，大微粒吸引小微粒形成较大的团块，团块越来越大，引力最强的中心部分吸引的微粒最多，首先形成太阳。外面微粒的运动在太阳吸引下向中心体下落是于其他微粒碰撞而改变方向，成为绕太阳的圆周运动，这些绕太阳运转的微粒逐渐形成几个引力中心，最后凝聚成绕太阳运转

的行星。卫星的形成过程与行星相似。

康德的星云说发表后并没有引起人们的注意，直到拉普拉斯的星云说发表以后，人们才想起了康德的星云说。

◆ 爱因斯坦

爱因斯坦是德裔美国物理学家（拥有瑞士国籍），思想家及哲学家，犹太人，现代物理学的开创者和奠基人，相对论“质能关系”的提出者，“决定论量子力学诠释”的捍卫者（振动的粒子）——不掷骰子的上帝。1999年12月26日，爱因斯坦被美国《时代周刊》评选为

“世纪伟人”。

19世纪末期是物理学的大变革时期，爱因斯坦从实验事实出发，重新考查了物理学的基本概念，在理论上作出了根本性的突破。他的一些成就大大推动了天文学的发展。他的量子理论对天体物理学、特别是理论天体物理学都有很大的影响。理论天体物理学的第一个成熟的方面——恒星大气理论，就是在量子理论和辐射理论的基础上建立起来的。爱因斯坦的狭义相对论成功地揭示了能量与质量之间的关系，坚守着“上帝不掷骰子”的量子论诠释（微粒子振动与平动的矢量和）的决定论阵地，解决了长期存在的恒星能源来源的难题。近年来发现越来越多的高能物理现象，狭义相对论已成为解释这种现象的一种最基本的理论工具。其广义相对论也解决了一个天文学上多年的不解之谜，并推断出后来被验证了的光线弯曲现象，还成为后来许多天文概念的理论基础。

2009年10月4日，诺贝尔基金会评选“1921年物理学奖得主爱因斯坦”为诺贝尔奖百余年历史上最受尊崇的3位获奖者之一。（其他两位是1964年和平奖得主马丁路德金、1979年和平奖得主德兰修女。）

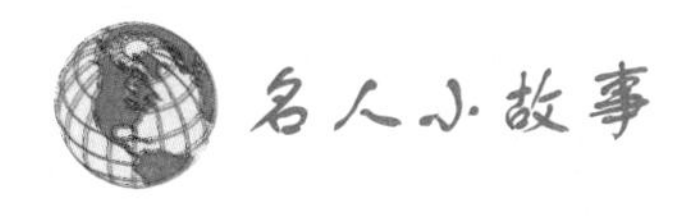

爱因斯坦拒绝出任以色列第二任总统

1948年5月14日，以色列国诞生，但不久以色列与周围阿拉伯国家的战争便爆发了。已经定居在美国十多年的爱因斯坦立即向媒体宣称："现在，以色列人再不能后退了，我们应该战斗。犹太人只有依靠自己，才能在一个对他们存有敌对情绪的世界上生存下去。"

1952年11月9日，爱因斯坦的老朋友以色列首任总统魏茨曼逝世。在此前一天，就有以色列驻美国大使向爱因斯坦转达了以色列总理本·古里安的信，正式提请爱因斯坦为以色列共和国总统候选人。当日晚，一位记者给爱因斯坦的住所打来电话，询问爱因斯坦："听说要请您出任以色列共和国总统，教授先生，您会接受吗？"

"不会。我当不了总统。"爱因斯坦毫不犹豫地回答。

"总统没有多少具体事务，他的位置是象征性的。教授先生，您是最伟大的犹太人。不，不，您是全世界最伟大的人。由您来担任以色列总统，象征犹太民族的伟大，再好不过了。”

“不，我干不了。” 爱因斯坦刚放下电话，电话铃又响了。这次是驻华盛顿的以色列大使打来的。大使说：“教授先生，我是奉以色列共和国总理本·古里安的指示，想请问一下，如果提名您当总统候选人，您愿意接受吗？”

“大使先生，关于自然，我了解一点，关于人，我几乎一点也不了解。我这样的人，怎么能担任总统呢？请您向报界解释一下，给我解解围。”大使进一步劝说：“教授先生，已故总统魏茨曼也是教授呢，您能胜任的。”

“魏茨曼和我不一样。他能胜任，但我不能。”爱因斯坦谢绝。

“教授先生，每一个以色列公民，全世界每一个犹太人，都在期待您呢！”爱因斯坦被同胞们的好意感动了，但他想的更多的是如何委婉地拒绝大使和以色列政府，而不使他们失望，不让他们窘迫。不久，爱因斯坦在报上发表声明，正式谢绝出任以色列总统。在爱因斯坦看来，“当总统可不是一件容易的事。”同时，他还再次引用他自己的话：“方程对我更重要些，因为政治是为当前，而方程却是一种永恒的东西。”

◆ 爱丁顿

亚瑟·斯坦利·爱丁顿爵士（1882—1944年），英国天文学家、物理学家、数学家，是第一个用英语宣讲相对论的科学家，自然界密实（非中空）物体的发光强度极限被命名为“爱丁顿极限”。

在第一次世界大战期间，英国人并不太清楚德国的科学进展，爱丁顿在1919年写了“重力的相对理论报导”，第一次向英语世界介绍了爱因斯坦的广义相对论理论。

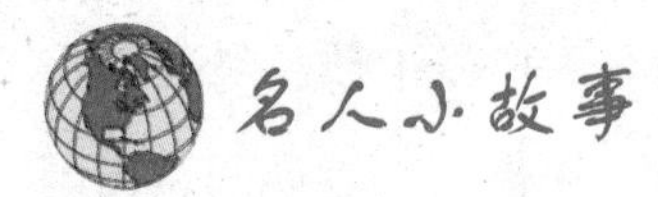

名人小故事

爱丁顿反常的发难

这事发生在1935年。

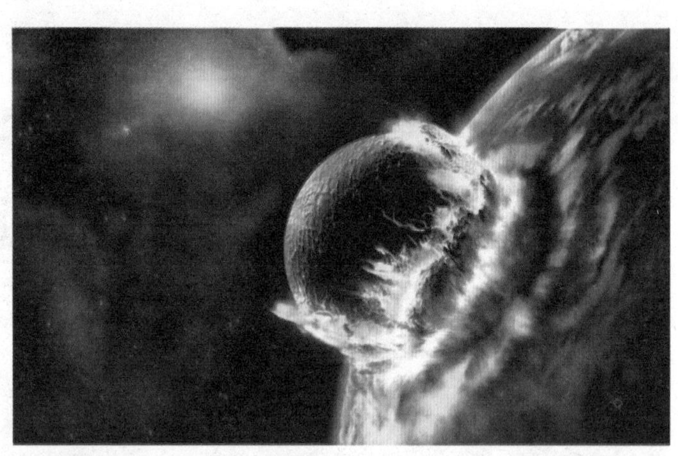

在英国皇家天文学会上，人们在静静地听着一位24岁青年学者宣读论文。

这位青年叫钱德拉塞卡，是印度人。他讲得很顺利，自我感觉也非常好。因为他当时与权威学者爱丁顿关系非常融洽，每周有两次时间相互讨论有关黑洞的问题。他之所以能站在学会讲台上发言，也是因为得到爱丁顿推荐。

他得意地走下讲台后，爱丁顿不露声色地准备发言。会场一下子安静了下来，都在期待这位著名天体物理学家的高见。

谁知爱丁顿一发言，便像火山爆发似的，向钱德拉塞卡发难。尽管他们开

会前还在一起谈笑风生地喝着茶，爱丁顿也没有透露出一星半点的发言内容。爱了顿抛弃了往日师生的亲密关系，断然驳斥钱德拉塞卡刚刚发表的全部观点。最后的结论竟然是：关于“黑洞”的神话不存在！

对钱德拉塞卡说来，这真是当头一棒！权威的冷嘲热讽，招来了全场无休止的讥笑。此时的他，感到无地自容，便回到了剑桥，想向同事诉说被羞辱的经过。然而，屋子里空荡荡的，他站在炉火前自言：“世界就是这样结束的，不是伴着一声巨响，而是伴着一声呜咽。”

钱德拉塞卡没有倒下去。他用毕

生精力钻研黑洞学说，终于在他72岁高龄时，荣获了诺贝尔物理学奖。

对于钱德拉塞卡，正是记住了爱丁顿的嘲笑才有所作为；而爱丁顿的反常发难，也让后人看到了他生活中的另一层面。

“我决不组织考察队”

爱丁顿一生最光辉的一件事，便是发起并组织1919年的日全食考察。他率领的英国考察队到达西非普林西比岛，于当年5月29日测定了太阳引力场中的光线弯曲，测到星光偏折角与爱因斯坦在广义相对论中的预言相符合。消息传到英国，引起轰动，伦敦《泰晤士报》于11月7日发出头版头条新闻“科学革命：牛顿的思想被推翻。”

在一般人看来，爱丁顿本人的看法极为重要，但他的回答令人吃惊。有一次，他的学生钱德拉塞卡向爱丁顿与爱因斯坦他表示，非常钦佩他筹备考察队。可爱丁顿说：“由我决定的话，我决不会发起、组织考察队！”

钱德拉塞卡惊讶地望着老师。

爱丁顿回答得很干脆，说：“我完全相信广义相对论，用不着去观测，用不着去验证”。

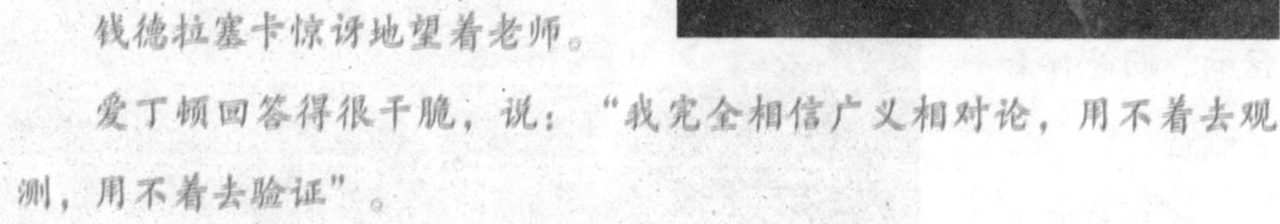

◆ 哈　勃

美国天文学家爱德温·哈勃是研究现代宇宙理论最著名的人物之

一，是河外天文学的奠基人。他发现了银河系外星系存在及宇宙不断膨胀的事实，是银河外天文学的奠基人和提供宇宙膨胀实例证据的第一人。

哈勃在芝加哥大学学习时，受天文学家海尔启发，开始对天文学发生兴趣。他在该校时就已获数学和天文学的校内学位，但毕业后却前往英国牛津大学学习法律。1913年在美国肯塔基州开业当律师。后来，他终于集中精力研究天文学，并返回芝加哥大学，在该校的威斯康星州的叶凯士天文台工作。在获得天文学哲学博士学位和从军参战以后，他便开始在威尔逊天文台（现属海尔天文台）专心研究河外星系并作出新发现。20世纪20年代，天文界围绕星系是不是银河系的一部分这个问题展开了一场大讨论。他在1922～1924年期间发现，星云并非都在银河系内。哈勃在分析一批造父变星的亮度以后断定，这些造父变星和它们所在的星云距

离地球远达几十万光年，因而一定位于银河系外。这项于1924年公布的发现使天文学家不得不改变对宇宙的看法。

1925年，当他根据河外星系的形状对它们进行分类时，哈勃又得出第二个重要的结论：星系看起来都在远离我们而去，且距离越远，远离的速度越高。这一结论意义深远，以为一直以来，天文学家都认为宇宙是静止的，而现在发现宇宙是在膨胀的，并且更重要的是，哈勃于1929年还发现宇宙膨胀的速率是一常数。这个被称为哈勃常数的速率就是星系的速度同距离的比值。后来经过其他天文学家的理论研究之后，宇宙已按常数率膨胀了100～200亿年。

20世纪初，大部分天文学家都认为宇宙不会膨胀出银河系。但20世纪20年代初，哈勃用当时最大的望远镜观察神秘的仙女座时，发现仙女座中的星云不是银河系的气体，而是一个完全独立的星系。在

银河系之外存在许多其它的星系，宇宙比人类想象的要大许多。

◆ 勒梅特

勒梅特是比利时天文学家和宇宙学家。他提出现代大爆炸理论，该理论认为宇宙开始于一个小的原始“超原子”的灾变性爆炸。

第一次世界大战期间，勒梅特作为土木工程师在比利时军队中担任炮兵军官，战后进入神学院并于1923年接受神职，担任司铎。1923—1924年间，勒梅特在剑桥大学太阳物理实验室学习，后到美国麻省理工学院学习，在那里他了解了美国天文学家E.P.哈勃的发现和H.沙普利有关宇宙膨胀的研究。

1927年，任卢万大学天体物理学教授时，勒梅特提出勒梅特宇宙模型，用这一理论，星系的退行可在爱因斯坦广义相对论框架内得到解释。虽然宇宙膨胀模型已早有人提出过，但经伽莫夫修改过的勒梅特理论在宇宙论中已居于主导地位。

勒梅特根据施瓦西度规通过坐标变换得到勒梅特度规，这是一个引力作用下的自由下落度规。这个度规是勒梅特宇宙模型的基础。其后罗伯逊与沃克发展了勒梅特度规，得到更高维度（三维）对称的罗伯逊—沃克度规，作为伽莫夫提出的大爆炸宇宙模型的度规基础。

勒梅特还研究过宇宙射线和三体问题，三体问题是用数学方法描述三个互相吸引的物体在空间中的运动。

勒梅特的主要著作有《论宇宙演化》和《原始原子假说》。

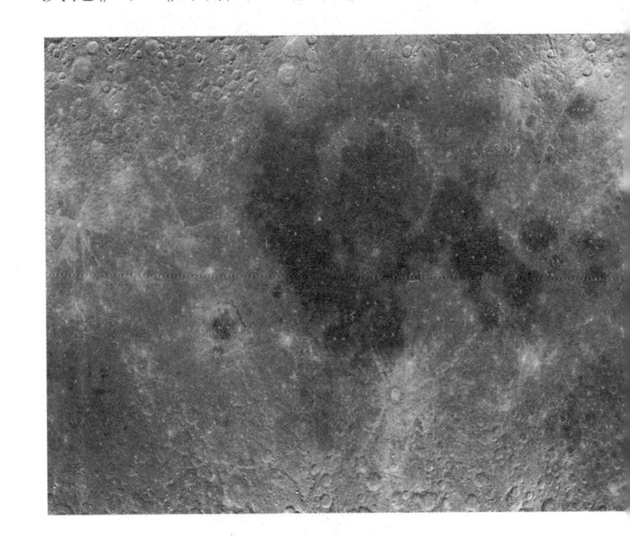

◆ 牛　顿

牛顿（1642—1727年），英国物理学家、天文学家和数学家，生于林肯郡。

在天文学方面，1672年牛顿创制了反射望远镜；他还解释了潮汐的现象，指出潮汐的大小不但同朔望月有关，而且与太阳的引力也有关系；另外，牛顿从理论上推测出地球不是球体，而是两极稍扁、赤道略鼓，并由此说明了岁差现象等。

在物理学上，牛顿基于伽利略、开普勒等人的工作，建立了三条运动基本定律和万有引力定律，并建立了经典力学的理论体系。在数学上，牛顿创立了“牛顿二项式定理”，并和莱布尼兹几乎同时创立了微积分学。在光学方面，牛顿发现白色日光由不同颜色的光构成，并制成“牛顿色盘”；关于光的本性，牛顿创立了光的“微粒说”。

在牛顿的著作《自然科学原理》中，他用数学解释了哥白尼的日心说和天体运动现象。

牛顿对人类的贡献是巨大的，正如恩格斯所说：“牛顿由于发明了万有引力定律而创立了科学的天文学；由于进行了光的分解，而创立了科学的光学；由于创立了二项式定理和无限理论而创立了科学的数学；由于认识了力的本质，而创立了科学的力学”。为纪念牛顿的贡献，国际天文学联合会决定把662号小行星命名为牛顿小行星。

◆ 彭齐亚斯

彭齐亚斯是美国射电天文学家，1933年4月26日生于德国慕尼黑。4岁随父母移居美国，21岁毕业于纽约市立大学，25岁获哥伦比亚大学硕士学位。1961年到贝尔电话实验室工作，翌年获博士学位。1972年任该实验室无线电物理研究部主任，1975年当选美国国家科学院院士。1964—1965年，彭齐亚斯与R.W.威尔逊使用6米号角式天线在波长7.35厘米的微波波段测量围绕银河系的银晕气体的射电强度。为提高测量精度，他制造了一个液氦致冷参考源，威尔逊则改进了一套比较天线温度的开关装置。在测量过程中，他们意外地发现天空各个方向上都始终存在着3.5K的背景噪声。后得知这正是普林斯顿大学R.H.迪克所领导的研究小组应用大爆炸宇宙理论试图寻找的微波背景辐射，经迪克研究小组用新研制的射电辐射计在工作波长3.2厘米处确实测到。彭齐亚斯和威尔逊于1965年7月将发现公诸于世，被称

为3K宇宙背景辐射。该发现被公认为是大爆炸宇宙学的一个重要的观测证据，因而两人同获1978年诺贝尔物理学奖。

他们在实验中所观测到的，正是这种宇宙微波背景辐射。他们的工作为宇宙起源的大爆炸理论提供了有力的实验证据。

◆ 沙普利

沙普利（1885—1972年），美国著名的天文学家，美国科学院院士，曾任哈佛大学天文台台长，美国天文学会会长。

沙普利是20世纪科学史上最杰出的人物之一。他出身于农民家庭，幼年家境贫寒，没有受过系统的教育，16岁就参加了工作。在强烈的求知欲驱使下，沙普利自学成材，由短训班至预科班，最终进入大学，并成为了举世闻名的大科学家。

沙普利在天文学上作出了重要贡献，他对球状星团和造父变星进行了系统地研究，推出太阳系不在银河系中心，而是处于银河系边缘，银河系的中心在人马座方向。他的研究为人们认识银河系奠定了基础。

沙普利在退休后积极参与科学普及活动。他富有激情并饱含哲理的演说，使年轻的听众大受裨益，并从中诞生了一批知名的科学家。